SANGEETA BORUAH SAIKIA

ESPARADRAPO URBANO

SANGEETA BORUAH SAIKIA

ESPARADRAPO URBANO

ScienciaScripts

Imprint

Cover image: www.ingimage.com

This book is a translation from the original published under ISBN 978-620-7-65372-0.

Publisher:
Sciencia Scripts
is a trademark of
Dodo Books Indian Ocean Ltd. and OmniScriptum S.R.L publishing group

120 High Road, East Finchley, London, N2 9ED, United Kingdom
Str. Armeneasca 28/1, office 1, Chisinau MD-2012, Republic of Moldova, Europe
Managing Directors: Ieva Konstantinova, Victoria Ursu
info@omniscriptum.com

Printed at: see last page
ISBN: 978-620-8-55913-7

Conteúdo

Em memória do meu falecido pai,
Purna Kanta Boruah,
que era engenheiro e escritor

PREFÁCIO

A urbanização é um fenómeno social e económico que surgiu durante a era moderna da tecnologia e que se caracteriza por um aumento dramático da densidade populacional e da habitação em grandes concentrações de atividade económica. A urbanização é o processo pelo qual mais pessoas vivem em cidades, há mais centros urbanos e as actividades e estilos de vida urbanos se estendem a toda uma região. Naturalmente, para os geógrafos interessados no tema atual dos estudos sobre o desenvolvimento, que é, evidentemente, uma criação do século XX, isto resulta numa diminuição da proporção de pessoas que vivem em zonas rurais e das suas actividades. Na região mais oriental de Assam, a sul do Brahmaputra, os distritos de Dibrugarh e Tinsukia - que, em conjunto, formavam o distrito de Dibrugarh - constituem uma área urbanizada em crescimento, adjacente ao distrito de Kamrup, situado entre 27°5′N e 27°58′N e 94°35′E e 96°0′E. Esta é a região de Assam onde a era moderna começou com a construção de propriedades de chá e as indústrias do carvão e do petróleo. As bases da urbanização contemporânea foram lançadas nesta região durante a era colonial, com a construção das primeiras estradas nacionais e linhas de caminho de ferro. A sua área total de 7171 km^2 é constituída principalmente por planícies com colinas esporádicas e regiões montanhosas ao longo das suas fronteiras oriental e meridional, que fazem fronteira com as colinas de Arunachal. Embora o processo seja mais lento, a região tem registado um crescimento urbano desde a era britânica. Desde o desenvolvimento da rede de transportes e da atividade industrial e comercial moderna com ela relacionada, os distritos de Dibrugarh e Tinsukia têm funcionado como uma coerência funcional; por conseguinte, é razoável considerar estes dois distritos actuais como um único distrito inovador. Os dois principais pólos de atividade comercial da região são Tinsukia e Dibrugarh. Para além de controlarem a área, também controlam as áreas adjacentes no Nordeste da Índia. No conjunto da zona urbana, há mais terrenos utilizados para fins residenciais do que para qualquer outro fim nas cidades de Dibrugarh e no distrito de Tinsukia. O sector CBD da cidade tem a maior densidade populacional. Quando se examina o desenvolvimento dos centros urbanos na região, descobre-se que a região cresceu em torno de um ponto focal localizado na nova área de mercado de Dibrugarh durante as suas fases iniciais de crescimento. A região contém dois núcleos de origem. O primeiro é o novo mercado, o centro mais antigo da região centro-norte de Dibrugarh, e o segundo é o mercado central de Tinsukia, que está ligado à antiga estação ferroviária. Mais tarde, os sectores com várias actividades surgiram não de um único local, mas de vários. Por conseguinte, a teoria de Hoyt aplica-se apenas parcialmente à urbanização de Dibrugarh e Tinsukia. No entanto, a expansão urbana regional é mais consistente com a teoria dos multi-núcleos de Harris e Ullman. Quando se discute a expansão e a alteração dos padrões de utilização do solo urbano nos centros urbanos, é possível compreender a alteração do padrão das cidades durante os últimos 45 anos. Os centros urbanos da região surgiram e expandiram-se significativamente em várias direcções. De dez em dez anos, desenvolvem-se cerca de três municípios ou pontos de crescimento que, no futuro, poderão ser equipados com a tecnologia contemporânea para surgirem como municípios plenamente formados, germinando novos municípios em paralelo ao longo do tempo e do espaço. A tendência de urbanização crescente não é satisfatória e o crescimento dos distritos é lento. Por isso, é necessária uma investigação adequada do processo de expansão urbana para o crescimento dos centros urbanos e o desenvolvimento regional. A organização do livro está dividida em sete capítulos. O Capítulo Um começa com uma discussão sobre a fisiografia, o contexto geográfico, o solo, o clima e a vegetação natural dos distritos de Dibrugarh e Tinsukia. O crescimento e o desenvolvimento dos centros urbanos dos distritos foram analisados no capítulo dois. O capítulo três estuda as estruturas internas dos centros urbanos e o seu padrão de expansão. Os capítulos quatro e cinco incluem um padrão caraterístico de função, hierarquias funcionais, dimensão e espaçamento dos centros urbanos, natureza do interior e impacto no desenvolvimento regional. O capítulo seis analisa o padrão de utilização do solo dos centros urbanos, que inclui várias categorias: residencial, comercial, administrativa, industrial, recreativa, pública e semi-pública, agrícola, massas de água, etc., divididas em duas grandes categorias: desenvolvida e subdesenvolvida.Com grande respeito e agradecimento, gostaria de agradecer ao Dr. Bhuban Gogoi, antigo diretor e chefe do departamento de geografia do Tinsukia College, pelos seus conselhos inabaláveis, comentários perspicazes e apoio à elaboração deste trabalho. Tenho uma dívida de gratidão para com Dipangka Dutta pela sua ajuda genuína na finalização do livro e para com o meu colega Narendra Kr. Das pelo seu trabalho de cartografia e muitas recomendações. Não posso deixar de expressar a minha gratidão à minha mãe e à minha família pelo seu apoio, especialmente ao meu marido, Diganta Saikia, que sempre foi a minha maior fonte de força. Não teria conseguido concluir a minha tarefa sem a sua inabalável cooperação e apoio moral.

Por último, gostaria de exprimir a minha gratidão e respeito a todas as pessoas cuja ajuda e cooperação serão sempre apreciadas.

Dr. Sangeeta Boruah Saikia

CAPÍTULO I

INTRODUÇÃO:

A expansão e o desenvolvimento dos centros urbanos é um fenómeno social importante que representa as várias facetas do desenvolvimento e serve de barómetro fundamental para o estado das condições socioeconómicas de uma nação. É um sinal crucial de como a vida está a progredir, como se vê pelas mudanças no carácter social, na prosperidade económica e no modo de vida. A estrutura profissional está a mudar profundamente, seja de forma rápida ou gradual. Em geral, a urbanização refere-se à modernização progressiva e profunda dos meios e objectivos de vida. A urbanização é um fenómeno social e económico que surgiu durante a era moderna da tecnologia e que se caracteriza por um aumento dramático da densidade populacional e da habitação em grandes concentrações de atividade económica. A expansão e o desenvolvimento dos centros urbanos é um fenómeno social importante que representa as várias facetas do desenvolvimento e serve como um barómetro fundamental para o estado das condições socioeconómicas de uma nação. É um sinal crucial de como a vida está a progredir, como se vê pelas mudanças no carácter social, na prosperidade económica e no modo de vida. A estrutura profissional está a mudar profundamente, seja de forma rápida ou gradual. Em geral, a urbanização refere-se à modernização progressiva e profunda dos meios e objectivos de vida. A urbanização é um fenómeno social e económico que surgiu durante a era moderna da tecnologia e que se caracteriza por um aumento dramático da densidade populacional e da habitação em grandes concentrações de atividade económica.

Depois de terem concentrado grande parte da sua atenção nos locais e nas circunstâncias reais, os investigadores mudaram recentemente a sua atenção de uma interação mais próxima entre o homem e a natureza para uma análise aprofundada da estrutura e da morfologia, do processo e do padrão, da difusão e da mudança, e da gestão científica da urbanização numa perspetiva de desenvolvimento global. A urbanização é constituída por três factores e dimensões: social, económica e demográfica, que se reflectem na concentração de pessoas num determinado território; uma mudança económica profunda do sector primário para o sector não primário; e a mudança estrutural espacial e o crescimento, que são da competência da geografia humana e são cruciais para o estudo dos estudos de desenvolvimento para os geógrafos (Armstrong e Mc. Gee, 1986). As comparações entre países serão enganadoras porque os critérios de identificação e as definições diferem consoante as nações. Para compreender o quadro da urbanização global, é necessário ter em conta a caraterística comum e fundamental de uma deslocação vertical das actividades, associada a uma reorganização horizontal do espaço.

Contexto geográfico:

Os distritos de Dibrugarh e Tinsukia, que em conjunto constituíam o distrito de Dibrugarh, são uma área urbana emergente adjacente ao distrito de Kamrup, situado na parte mais oriental de Assam, a sul do Brahmaputra, entre 27°5/N e 27°58/N e 94°35/E e 96°0/E. Foi nesta região de Assam que teve início a era moderna, com a construção de propriedades de chá e as indústrias do carvão e do petróleo. As bases da urbanização contemporânea foram lançadas nesta região durante a era colonial, com a construção das primeiras estradas nacionais e linhas de caminho de ferro. A sua área total de 7171 km^2 é constituída principalmente por planícies com colinas esporádicas e regiões montanhosas ao longo das suas fronteiras oriental e meridional, que fazem fronteira com as colinas de Arunachal.

A região tem registado um crescimento urbano desde a era britânica, mas a um ritmo mais lento. A seguir ao distrito de Kamrup, em Guwahati, a região tem a segunda maior população urbana. Desde o aparecimento da atividade industrial e comercial contemporânea, juntamente com as redes de transportes, os distritos de Dibrugarh e Tinsukia têm funcionado como uma unidade coesa. Por conseguinte, é razoável considerar estes dois distritos como uma área distinta. Desde o início do processo de urbanização, os dois distritos apresentam uma interconexão única e uma coerência funcional inseparável. No entanto, o desenvolvimento da região não está a ser suficientemente rápido e a tendência crescente de urbanização é insatisfatória, apesar da abundância de recursos e infra-estruturas da região. Assim, é necessária uma investigação cuidadosa sobre o padrão e o processo de urbanização, a expansão das áreas urbanas e o desenvolvimento regional. O tema "Padrão de urbanização nos distritos de Dibrugarh e Tinsukia" foi escolhido para investigação com este objetivo e justificação em mente. Ao examinar o processo estrutural, o padrão e os efeitos da urbanização no desenvolvimento regional, tentar-se-á determinar a natureza do crescimento e desenvolvimento da urbanização. Todos os centros urbanos de várias categorias - Dibrugarh, Tinsukia, Duliajan, Digboi, Margherita, Chabua, Naharkatia, Doom Dooma, Makum, Namrup, etc. - bem como mais de trinta pontos de crescimento nos distritos serão incluídos no estudo.

Fisiografia:

A porção mais oriental da planície do Brahmaputra, com a mais alta e mais densa floresta perene no sopé do vale, é constituída pelos distritos de Dibrugarh e Tinsukia. Esta parte da planície é comparativamente mais larga e mais alta do que a outra parte. Situa-se perto do ponto mais setentrional do rio Brahmaputra, na cabeceira do vale do Brahmaputra. Alguns montes e colinas no extremo sul da região elevam-se a uma altura de várias centenas de pés no sudoeste e atingem gradualmente cerca de mil pés no sudeste acima do nível médio do solo da planície.

Os rios Buri-Dihing, Lohit, Kundil, Dibru e Dibang são os principais rios que correm para o Brahmaputra na região. Embora alguns destes rios corram naturalmente para oeste e sudoeste, a maioria deles corre na direção noroeste. Consequentemente, a área inclina-se geralmente para norte e noroeste e está rodeada pela majestosa cordilheira de Patkai, situada perto da fronteira internacional do extremo sul e sudeste de Arunachal Pradesh com Myanmar. A altura média da região acima do nível médio do mar, com uma inclinação de cerca de 20 cm por quilómetro para oeste, é de 134 metros em Sadiya, a leste, e de 104 metros em Dibrugarh, a oeste, de acordo com a direção em que corre o Brahmaputra.

Solo:

A maior parte da área terrestre dos distritos de Dibrugarh e Tinsukia é constituída por solos aluviais que foram depositados e erodidos pelos rios Brahmaputra, Dibru, Burhi Dihing e seus afluentes. O solo aluvial é geralmente arenoso perto dos rios, mas tende a ser argiloso mais longe deles. As duas formas de aluvião que constituem estes solos aluviais são antigas e frescas. As regiões do piemonte e do sopé da montanha no sul e sudeste da área também têm solo laterítico montanhoso.

LOCATION OF DIBRUGARH AND TINSUKIA DISTRICTS

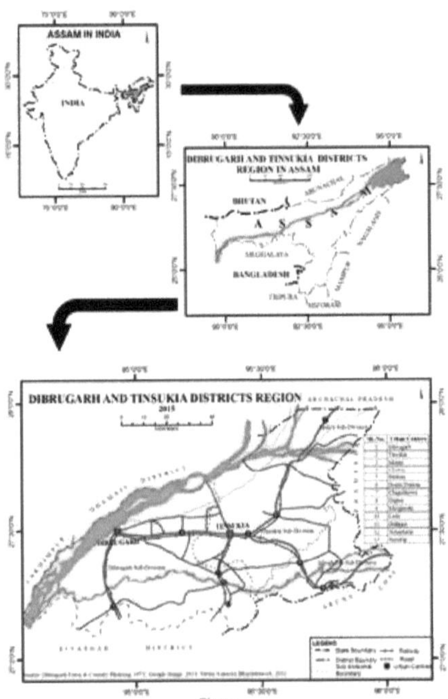

Fig- 1.1

Clima:-

Os distritos de Tinsukia e Dibrugarh registam um clima subtropical de monção. Dibrugarh está exposta aos ventos da monção, que são intensos em termos de precipitação. Ao longo do ano, os ventos são tipicamente fracos e provêm principalmente do norte e do leste. Ao longo do ano, a humidade relativa do ar ronda normalmente os 70%, o que o torna extremamente húmido. Durante a estação das monções de verão no sudeste, o céu é frequentemente nublado a sombrio. Há nuvens leves a moderadas no céu durante as estações pós-monção e de inverno. De março a maio, o céu está frequentemente moderado a moderadamente nublado, especialmente à tarde e à noite. As chuvas da monção do sudoeste fazem com que o clima se torne extremamente húmido.

As estações do verão e do inverno têm temperaturas muito diferentes. Esta zona está rodeada de colinas e montanhas em três lados e, quando abre a oeste, a quantidade de precipitação diminui nas direcções leste e nordeste e desloca-se para sudoeste. A região recebe, em média, 276 cm de chuva. A precipitação é quase constante ao longo de todo o ano, sendo que a menor quantidade ocorre de novembro a fevereiro. A maior parte da precipitação do ano cai entre março e maio, sob a forma de aguaceiros de trovoada, perfazendo cerca de 25% da precipitação total anual. No início de junho, a região está sob a influência da monção do sudoeste.

Sessenta e seis por cento da precipitação anual cai durante a estação das monções do sudoeste, de junho a setembro. O mês de julho é o mais chuvoso. Em média, um ano tem cerca de 133 dias de chuva. Em Dibrugarh, a temperatura máxima mais elevada registada foi de 38,90 °C. A temperatura desce significativamente, tanto durante o dia como à noite, por volta do final de novembro. Com uma temperatura média diária baixa entre 8° e 10°C, janeiro é o mês mais frio. Durante esta estação, em que a temperatura mínima pode descer até aos 50 graus Celsius ou menos, as ondas de frio que se seguem a uma perturbação de oeste percorrem a região. O tempo começa a aquecer no início de março.

A estação pré-monção, que decorre de março a maio, era ainda confortável. Os meses mais quentes do ano são julho e agosto, quando a temperatura máxima diária média é de 310 graus Celsius e a temperatura mínima diária média é de 240 graus Celsius. A época mais húmida do ano ocorre durante esta estação. No início de outubro, a monção do sudoeste retira-se, trazendo consigo um clima frio. Assim, podem ser identificadas três estações distintas nesta localidade em cada ano, com base nas variações temporais do clima. 1. Os meses de inverno, de outubro a fevereiro. 2. De março a maio é a estação das pré-monções; 3. De junho a setembro é a estação das monções.

Vegetação natural:

Existe uma grande variedade de plantas naturais nos distritos de Dibrugarh e Tinsukia. A fisiografia, os solos e o clima da região contribuíram para o desenvolvimento exuberante das plantas autóctones. Os três tipos de florestas que existem nesta região podem ser distinguidos pelas espécies que fazem parte da sua composição.

1. Florestas mistas de folha caduca, onde coexistem manchas de plantas de folha perene com florestas de folha caduca.
2. As florestas e os prados de folha perene.
3. A vegetação da zona húmida.

Os bosques de reserva dos distritos são atualmente os únicos locais onde ainda existe vegetação natural. A principal série de florestas fluviais caducifólias húmidas é representada por florestas caducifólias mistas, que se encontram nas reservas de Mechaki e Dibru. Neste caso, as espécies sempre-verdes estão bastante difundidas nas copas inferiores, enquanto as espécies caducifólias dominam a copa superior. É simples classificar este tipo de floresta em zonas de Hollock. Apenas uma percentagem muito pequena destas florestas alberga as florestas de Hollock (Terminalia myriocarpa), que se encontram normalmente em terrenos planos com solos ricos e excelente drenagem. Outras espécies de árvores que podem ser enumeradas incluem uriam, Outenga (Bischofia javanica), Jamuk (Vatica lanceofolea), Morhal (Dillenia indica) e Thekera. Os maciços povoamentos de cana e de bambu (Bambusa) tornam certas partes destas florestas mistas de folha caduca extremamente impenetráveis, embora a maior parte destas florestas seja mal abastecida e classificada como terras abertas.

As florestas de reserva de Jakai, Telpani, Namdang e Dihingmukh albergam bosques semi-perenes. A floresta é frequentemente de baixa qualidade. Nestas florestas vivem tipicamente o Nahar (Mesua ferrea) e a Outenga (Dillenia indica). Outras espécies associadas ao Nahar incluem Uriam, Jutuli, Outenga, Ajar, (Largerstoroemia parvilora), Hillikha (Terminalia chebula), entre outras. Do mesmo modo, os associados de Outenga incluem Morhal, Ajar (Lagerstromia flos reginae), Uriam (Andrachne trifoliate), etc. Os amplos espaços destas reservas são tipicamente cobertos por ervas, gramíneas e algumas árvores solitárias. Na Outenga, o patidoi é a vegetação rasteira mais predominante, embora o sorat (Laportia crenulate) e o dighloti sejam mais frequentes nos espaços abertos.

Como o nome indica, as florestas perenes são sempre verdes e constituem as restantes florestas de reserva, que se estendem para sul até ao fim do distrito e mais além, começando pelas florestas de reserva de Dangori e Doom Dooma. Com espécies como o Hollong (Dipterocarpus macrocarpus) e o Makai (Shorea assamica), este tipo de vegetação encontra-se na parte ocidental da região e representa a vegetação clímax da localidade. Devido ao facto de o Hollong (Dipterocarpus macrocarpus) e o Nahar (Messua ferrea) terem estado sempre associados, estas florestas são mais frequentemente designadas por florestas Hollong Nahar do Alto Assam. Este tipo de floresta alberga várias espécies de madeira importantes, incluindo Amari (Amoora wallichii), Gonsoroi, Hollong, Poma (Cedrela toona), Som, Champa, entre outras. Morhal é uma árvore típica de copa baixa que é atualmente muito utilizada para postes de vedação (Govt. of India, 1976). O solo arenoso domina as margens dos rios e as ilhas ribeirinhas. Este tipo de solo não consegue reter a água durante um longo período de tempo. Por conseguinte, as árvores altas não podem crescer nestes locais, com exceção de algumas espécies como o Khoir e o Simul. A vegetação ribeirinha é o termo que designa as plantas que crescem ao longo das margens dos rios e nas ilhas. A maior parte da vegetação ribeirinha desta zona é constituída por gramíneas altas, como o Khagari, o Ikara e o Kher. Estes locais têm árvores Simul, Khoir e Kadam, para além das gramíneas. O vale do Brahmaputra alberga um grande número de zonas húmidas. Estas sustentam uma variedade de gramíneas de pântano, bem como outras plantas, como a erva aquática, os lírios e os lótus, o jacinto de água, o taro, etc.

CAPÍTULO II

CRESCIMENTO E DESENVOLVIMENTO DOS CENTROS URBANOS:

CRESCIMENTO DEMOGRÁFICO:

3.870 pessoas viviam no município de Dibrugarh em 1872, o início deste século (Hunter 1879, 1975). A população do distrito cresceu de 11.217 em 1901 para 13.3.571 em 2001. Na década de 1901, houve muito pouca mudança no aumento da população urbana. Em 1901, apenas 10.000 pessoas viviam nas cidades em geral (Tabela 2.1). A população urbana do distrito cresceu, embora a um ritmo comparativamente rápido, entre 1872 e 1911. Conforme indicado no Quadro 2.1, a taxa de crescimento durante este período foi de 276,3%, em comparação com cerca de 211,3% em Assam e apenas 21,8% em toda a Índia. As principais causas do seu crescimento foram o afluxo de pessoas, os bens produzidos pelas empresas e pela indústria, as finanças, a residência, a educação, etc. Em 1921, foram criadas duas novas cidades, Tinsukia e Doomdooma. Com 3 080 habitantes, Tinsukia era um centro comercial que deveu o seu crescimento à construção da linha de caminho de ferro Assam Bengal. Com 1 162 habitantes, Doomdooma surgiu como um centro de serviços dos jardins de chá (Quadro 2.2).

Devido à imigração, as novas cidades de Tinsukia e Doomdooma registaram taxas muito elevadas de aumento da população urbana nos anos 1921-1931: 67,5 e 63,5 por cento, respetivamente (Quadro 2.2). A maioria dos imigrantes eram visitantes irregulares, principalmente trabalhadores gerais e trabalhadores da terra de Bihar e das Províncias Unidas, bem como comerciantes de diferentes regiões. Três tipos principais constituíam a maioria dos imigrantes permanentes e semi-permanentes: (1) os que estavam ligados à indústria do chá; (2) os cultivadores de Bengala Oriental (atual Bangladesh); e (3) os do Nepal. (India Gazetteer, 1999) No entanto, uma parte considerável dos imigrantes de Bengala também estava associada a profissões, comércio de pequena escala e indústrias de serviços.

Do mesmo modo, o crescimento da população urbana foi reduzido durante os anos 1931-1941. Até 1951, o número de cidades manteve-se estável. No entanto, o número de pessoas que vivem nas cidades aumentou significativamente entre 1941 e 1951. Apesar disso, o número total de cidades não se alterou. Ao contrário da população rural, que cresceu apenas 19,7%, a população urbana aumentou 58,3% (Quadro 2.1). O crescimento da cidade foi ainda favorecido pela expansão da atividade administrativa, industrial e comercial, bem como pelo desenvolvimento das infra-estruturas de transportes e de comunicações, sobretudo após a independência. Tinsukia

(46,7%), Dibrugarh (68,3%) e Doomdooma (42,4%), por esta ordem. A década de 1951-1961 registou o aumento mais notável da população que vive em zonas urbanas. O número de centros urbanos quintuplicou (de três para sete) e a percentagem da população que vive em zonas urbanas (165,5%) quintuplicou em relação à que vive em zonas rurais (32,1%) (Quadro 2.1). Tinsukia, com uma taxa de crescimento da população urbana de 132,1%, ficou atrás de

A alta taxa de crescimento populacional do distrito nesta década foi provocada pela rápida industrialização, que foi alimentada pela riqueza mineral do distrito, bem como pela expansão das oportunidades de trabalho, pela entrada de imigrantes e pela migração de residentes rurais para as cidades.

O aumento do número de pessoas que vivem em cidades deve-se também, em grande medida, à criação de novos centros urbanos com base na crescente atividade empresarial em zonas mais rurais. Apesar de terem sido criados quatro novos centros urbanos entre 1961 e 1971 - Duliajan (11 491), Margherita (9 250), Namrup (7 972) e Makum (5 992), respetivamente - a expansão das zonas urbanas diminuiu, representando um crescimento de 60,7%. Este crescimento gradual pode ser associado, por um lado, ao problema crescente do desemprego e à diminuição da taxa de migração das zonas rurais e, por outro lado, à criação de numerosos centros de mercado e de serviços nas zonas rurais (Sharma 1978). O resultado é que cidades recentemente elevadas como Namrup, Duliajan, Makum e Margherita têm um bom número de migrantes devido à descoberta de campos petrolíferos, actividades de perfuração e desenvolvimento industrial. Cidades como Dibrugarh, que tinha 37,4% em 1971 em comparação com 53,98% em 1961, Tinsukia, que tinha 92,9% em 1971 em comparação com 132,5% em 1961, e Doomdooma, que tinha 28,3% em comparação com 132% em 1971, demonstraram um crescimento decrescente.

Tabela-2.1

Distrito de Dibrugarh e Tinsukia

Crescimento da população rural e urbana dos distritos de Dibrugarh e Tinsukia, Assam e Índia 1872-2011

Ano	Total	Distrito de Dibrugarh e Tinsukia				Assam		Índia	
		Rural	P.C. de Crescer	Urbano	P.C. de Crescimento	Crescimento rural	P.C. Urbano de Crescimento	P.C. rural de Crescer	Centro de Crescimento Urbano
1872	82,109	78,239	-	3,870	-	-	-	-	-
1911	3,61,829	3,47,266	343.8	14,563	276.3	83.9	211.3	16.8	21.8
1921	4,39,851	4,19,602	20.8	20,249	39.0	20.08	36.80	1.29	8.27
1931	5,43,768	5,17,974	23.4	25,744	27.4	19.70	27.58	9.98	19.12
1941	6,56,225	6,22,519	20.2	33,706	30.4	20.16	28.30	11.81	31.97

1951	7,98,738	7,45,403	19.7	53,336	58.3	18.46	65.73	8.79	41.42
1961	11,26,455	9,84,877	32.1	1,41,578	165.5	30.87	126.57	20.64	26.41
1971	14,11,119	11,83,589	20.2	2,27,530	60.7	32.62	65.01	21.86	38.23
1991	20,04,755	16,62,501	40.46	3,42,254	50.42	22.56	92.97	20.01	36.47
2001	23,25,134	18,82,739	13.25	4,52,395	32.18	16.51	38.24	18.10	31.50
2011	26,44,696	21,37,94 0	13.55	5,06,756	12.02	15.35	27.61	12.18	31.80

Fonte :

(i) Hunter w.w : A statistical Account of Assam Vol, Delhi 1879 Rept. 1975

(ii) Recenseamento da Índia 1971, 91, 2001 série 3, Assam Parte vi-A Diretório das cidades

(iii) Allen B.C. District Gazetteer Lakhimpur VIII 1905

Quadro 2.2 Dibrugarh & Tinsukia District Crescimento da população urbana em percentagem 1901- 2001

SL	Cidade	1901		1911		1921		1931		1941	
		População	Crescimento	População	Crescimento	População	Crescimento	População	Crescimento	População	Crescimento
1	Dibrugarh (M.B)	11,227	13.70	14,563	29.70	16,007	9.90	18,734	17.00	23,191	23.80
2	Chabua (T.C)										
3	Naharkatia (T.C)										
4	Cidade petrolífera de Duliajan (C.T)										
5	Namrup (C.T)										
6	Barbari A.M.C. Área (C.T)										
7	Sarupathar Bengali (C.T)										
8	Cidade de Moran (C.T)										
9	Duliajan n.º 1 (C.T)										
10	Tinsukia (M.B)					3,080	-	5,160	67.50	8,338	61.60
11	Doomdooma (T.C)					1,162	-	1,900	63.50	2,177	14.60
12	Cidade petrolífera de Digboi (C.T)										
13	Digboi (T.C)										
14	Makum (T.C)										
15	Margherita (C.T)										
16	Cidade de Ledo (C.T)										

17	Ledo Tikok (C.T)										
18	Bahbabri Gaon (C.T)										
19	Subvenção Borgolai n.º II (C.T)										

(Fonte: Censo da Índia Série 3, Assam 1991, Diretório das Cidades 2001)

Cont

SL	Cidade	1951		1961		1971		1991		2001	
		População	Crescimento	População	Crescimento	População	Crescimento	População	Crescimento	População	Crescimento
1	Dibrugarh (M.B)	37,991	63.80	58,480	53.90	80,348	37.40	120,127	49.50	133,571	11.19
2	Chabua (T.C)			2,533	-	3,888	53.50	6,104	57.00	17,433	185.60
3	Naharkatia (T.C)			8,877	-	10,774	21.40	15,052	39.71	15,523	3.13
4	Cidade petrolífera de Duliajan (C.T)					11,497	-	17,017	48.00	23,763	39.64
5	Namrup (C.T)					7,972	-	19,740	147.62	19,021	-3.64
6	Área Barbari A.M.C. (C.T)							5,540	-	4,090	-26.20
7	Sarupathar Bengali (C.T)									6,609	-
8	Cidade de Moran (C.T)									6,826	-
9	Duliajan n.º 1 (C.T)									1,602	-
10	Tinsukia (M.B)	12,245	46.90	28,468	132.50	54,911	92.90	73,918	34.60	101,957	37.90
11	Doomdooma (T.C.)	3,099	42.40	18,192	132.10	10,510	28.30	15,121	43.90	19,806	31.00
12	Cidade petrolífera de Digboi (C.T)			16,793		15,850	-5.60	16,796	6.00	16,590	-1.20
13	Digboi (T.C)			18,235	-	16,538	-9.30	19,137	15.70	20,553	7.40
14	Makum (T.C)					5,992	-	11,993	100.20	15,118	26.10
15	Margherita (C.T)					9,250	-	21,709	134.70	24,049	10.80
16	Cidade de Ledo (C.T)									8,571	-
17	Ledo Tikok (C.T)									6,764	-
18	Bahbabri Gaon (C.T)									6,166	-
19	Subvenção Borgolai n.º II (C.T)									4,383	-
20	Kachujan Gaon										
21	Chapakhowa Cidade										
22	Floresta Aldeia de Lakhipathar										

No entanto, durante a mesma década, algumas unidades relacionadas com uma refinaria de petróleo foram transferidas de Digboi para Tinsukia, o que resultou num declínio do crescimento da população urbana de 9,3% e 5,6%, respetivamente, em Digboi e Digboi Oil Town. Esta mudança levou a que parte da população envolvida em actividades de extração de petróleo se deslocasse para os campos petrolíferos recentemente desenvolvidos de Moran, Naharkatiya e Hugrijan (Quadro 2.2).

Em Dibrugarh, foi criado entre 1971 e 1991 um novo centro urbano denominado região de Barbari A.M.C., onde vivem 5 540 pessoas. O aumento total da população urbana durante esta década foi de 50,42% (Quadro 2.2), em comparação com 39,58% em Assam e 36,47% na Índia. No distrito, Namrup ocupa o primeiro lugar, seguida de Margherita e Makum, cuja população cresceu 134,7% e 100,2%, respetivamente, em resultado da atividade industrial, comercial e de comércio. A área do comité da cidade de Digboi aumentou gradualmente entre 1991 e 2001, mas a cidade petrolífera de Digboi voltou a diminuir a partir de 1991 (Quadro 2.2). A área do comité da cidade de Digboi aumentou gradualmente entre 1991 e 2001, mas a cidade petrolífera de Digboi diminuiu novamente a partir de 1991 (Quadro 2.2), devido a alterações nas regras e regulamentos das refinarias, bem como a uma diminuição da necessidade de mão de obra adicional devido à automatização. Enquanto a área de Barbari A.M.C. também registou um declínio de 26,2%, a cidade de Namrup registou um declínio no crescimento de 3,64% em resultado da industrialização inadequada do fertilizante de Namrup. Com uma taxa de crescimento de 185,6%, Chabua ocupa o primeiro lugar no distrito (Quadro 2.2).

Lido Town (8571), Lido Tikak (6764), Moran Town (6826), Sarupathar Bengali (6609), Duliajan No. 1 (1602), Bahbari gaon (6166) e Borgalai Gant No. 11 (4383) são os sete novos centros urbanos que surgiram nesta década. O crescimento global da população urbana do distrito é de 32,18% (Quadro 2.2), em comparação com 38,24% em Assam e 31,50% na Índia. Dibrugarh e Tinsukia, as duas maiores cidades, representaram apenas 11,19% e 37,9%, respetivamente. Desde o início deste século, quando o território estava sob administração colonial, até ao presente, quando enfrenta tensões significativas na sua organização espacial, o desenvolvimento urbano da região apresenta, portanto, uma trajetória interessante.

Desenvolvimento dos centros urbanos:

O melhor indicador para avaliar o grau de urbanização é a proporção de pessoas que vivem em cidades. O quadro 2.4 apresenta a percentagem de trabalhadores não agrícolas, a densidade urbana, o rácio entre os sexos e a taxa de alfabetização no índice-chave das caraterísticas regionais durante o processo de urbanização. Foram estabelecidas seis categorias para as cidades com base na sua dimensão populacional. A distribuição das cidades de acordo com a classificação da dimensão da população do recenseamento de 2001 é apresentada no Quadro 2.4. O quadro 2.3 ilustra a expansão dos centros urbanos entre 1901 e 2001. De acordo com a classificação do recenseamento, Tinsukia e Dibrugarh são centros urbanos de classe I, ou cidades.

Quadro 2.3

Progresso da população urbana nos distritos de Dibrugarh e Tinsukia de 1901 a 2011

	Centro Urbano	população Classe	1901	1911	1921	1931	1941	1951	19 61	1971	1991	2001	201 1
	Número de cidades ^	i	1	1	3	3	3	1	1	3	3	3	3
1	Dibrugar h	P	11,2 17	14,563	16,0 07	18,7 34	23,191	37,9 91	58, 48 0	80,3 45	120, 127	133, 571	154, 019
		C	IV	IV	IV	IV	III	III	II	II	I	I	I
2	Chabua	P								3888	6104	1743 3	8,78 8
		C								VI	V	IV	V
3	Naharkati a	P								10,7 74	15,0 52	15,5 23	18,9 24
		C								IV	IV	IV	IV
4	Cidade do petróleo de Duliajan	P								11,4 97	17,0 17	23,7 63	29,3 50
		C								IV	IV	III	III
5	Namrup	P								7,97 2	19,7 40	19,0 21	15,4 83
		C								V	IV	IV	IV
6	Bar Bari Área A.M.C.	P									5,54 0	4,09 0	2,87 9
		C									V	VI	VI
7	Sarupath ar Bengali	P										6,60 9	8,75 5
		C										V	V
8	Cidade de Moran	P										6,82 6	8,44 5
		C										V	V
	Duliajan n.º 1	P										1,60 2	- -
		C										VI	
9	Niz- Mankata	p											5,92 0
		C											V
10	Tinsukia	P			3,08 0	5,16 0	8,338	12,2 45	28, 46 8	549, 11	73,9 18	101, 957	125, 637
		C			VI	V	V	IV	III	II	II	I	I
11	Doomdo oma	P			1,16 2	1,90 0	2,177	3,09 9	8,1 92	10,5 10	15,1 21	19,8 06	21,4 69
		C			VI	VI	VI	VI	V	IV	IV	IV	III
12	Digboi T.C	P							18 ,2 35	16,5 38	19,1 37	20,5 53	21,7 91
		C							IV	IV	IV	III	III
13	Cidade petrolífera de Digboi	P							16 ,7 93	15,8 50	16,7 96	16,5 90	11,9 27
		C							IV	IV	IV	IV	IV
14	Makum	P								5,99 2	11,9 93	15,1 18	16,8 75

		C								V	IV	IV	IV
15	Margher ita	P								9,25 0	21,7 09	24,0 49	26,9 13
		C								V	III	III	III
16	Lido Cidade	P										8,57 1	11,7 18
		C										V	IV
17	Lido Tikok	P										6,76 4	5,09 3
		C										V	V
18	Bahbari gaon	P										6,16 6	6,82 8
		C										V	V
19	Borgolai Gant Noll	P										4,38 3	5,24 0
		C										VI	V
20	Kachuja n Gaon	P											3,25 3
		C											VI
21	Chapakh owa Cidade	P											10,3 20
		C											I V
22	Aldeia florestal Lakh ipathar	P											6,02 7
		c											V

Fonte: Censo da Índia Série-3 Diretório de Cidades 1991, 2001

Quadro 2.4

Assentamento urbano dos distritos de Dibrugarh e Tinsukia - 2001

Classe / Cidade	N.º de agregados familiares	Densidade/Km²	População	Razão de sexo	Taxa de literacia	Percentagem do total de trabalhadores não agrícolas
Classe I (1,00,000 e superior)						
1. Dibrugarh	26438	8617	133,571	878	87.30	32.80
2. Tinsukia	20672	9673	101,957	812	84.89	35.00
Classe II (50 000 - 99 999)	Nulo	Nulo	Nulo	Nulo	Nulo	Nulo
Classe III (20 00049 999)						
3. Cidade petrolífera de Duliajan	5522	11262	23,763	918	92.42	31.80
4. Digboi T.C	3966	4976	20,553	857	88.97	32.00
5. Margherita	4874	5116	24,049	894	84.19	31.00
Classe IV (10,00019,999)						
6. Chabua	3174	18545	17,433	594	90.73	47.30
7. Naharkatia	2980	2907	15,523	879	86.93	32.00
8. Namrup	4571	3644	19,021	867	93.12	30.00
9. Doomdooma	3671	4606	19,806	820	97.38	32.00
10. cidade petrolífera de Digboi	3523	1244	16,590	918	88.82	31.60
11. Makum	2912	4108	15,118	894	76.70	33.00
Classe V (5.000 - 9.999)	1352	N.A	6,826	877	88.98	30.00

12. Cidade de Moran						
13. Lido Tikok	1412	N.A	6,764	861	73.89	30.00
14. Sarupathar Bangali	1511	N.A	6,609	802	87.81	32.90
15. cidade do Lido	1717	N.A	8,571	911	77.56	28.30
16. Bahbari Gaon	1357	N.A	6,166	875	86.61	28.50
Classe VI (menos de 5000)	622	6492	4,090	920	83.45	25.70
17. Zona Barbari A.M.C.						
18. Borgolai Gant N.º 11	593	N.A	4,383	912	71.05	26.00
19. Duliajan n.º 1	372	N.A	1,602	808	92.42	32.00

Fonte : Censo de Assam Série 4 Diretório de Cidades 2001

As indústrias do chá, do carvão, do petróleo e do contraplacado do distrito são responsáveis pelo crescimento da conetividade ferroviária na região. Nas imediações da cidade de Tinsukia, surgiram várias empresas de produção de maquinaria, máquinas-ferramentas e peças, e mobiliário de aço; algumas destas indústrias conseguiram mesmo encontrar uma posição nos mercados globais. O efeito final é uma migração em grande escala de pessoas das zonas rurais para as zonas urbanas. As pequenas cidades podem estagnar ou crescer lentamente por não conseguirem atrair novos habitantes (Green Wood, 1971). Embora não correspondam à definição de cidade, os centros urbanos recentemente desenvolvidos, como Bahabarigaon, Sarupathar Bengali, Barbari A.M.C. area Duliajan No. 1 Ledo, etc., têm um complexo de mercados diários, algumas grandes lojas de retalho, especialmente ao longo da estrada principal, e ligações rodoviárias. Na hierarquia dos centros urbanos desta região, alguns estabelecimentos industriais de pequena dimensão, na sua maioria ligados à agricultura e à silvicultura, um banco, um serviço postal e telefónico, um hospital, uma esquadra de polícia, um liceu ou uma escola secundária superior e um liceu são mercados potenciais que formam ordens inferiores.

CAPÍTULO III

ESTRUTURAS INTERNAS DOS CENTROS URBANOS E O SEU PADRÃO DE EXPANSÃO:

Padrão de superfície do valor da terra como componente da estrutura interna:

O valor do solo é uma métrica económica crucial para avaliar a organização espacial de um centro urbano. A forma como o solo urbano é utilizado tem um impacto no desenvolvimento do seu padrão estrutural. De acordo com Knowles e Wareing (1993), a superfície do valor do solo reflecte principalmente a acessibilidade dentro da região metropolitana. O valor do solo atinge sempre um pico no centro da cidade e depois diminui gradualmente em todas as outras direcções. Os picos secundários de valor elevado encontram-se nos cruzamentos movimentados.

Num estudo sobre os centros urbanos da região dos distritos de Dibrugarh e Tinsukia, verificou-se que os seguintes factores têm impacto na superfície do valor dos terrenos: (i) distância do Central Business District (CBD); (ii) distância dos centros comerciais regionais mais próximos; (iii) proximidade de uma linha de metro elevada; (iv) percentagem de densidade populacional; e (v) distância de um centro de serviços de transportes.

Tabela-3.1

Distritos de Dibrugarh e Tinsukia

Valor do terreno por pé quadrado da cidade de Tinsukia

Cidade / Guerra	Lado comercial (valor em Rs. por pé quadrado)				Lado residencial (Rs./pés quadrados)		
Tinsu kia	Especial Lado comercial	I	II	III	I	II	III
1	1000.00	-	500.00	300.00	300.00	250.00	150.00
2	-	-	500.00	300.00	300.00	250.00	150.00
3	1000.00	700.00	500.00	300.00	300.00	250.00	150.00
4	1000.00	700.00	500.00	300.00	300.00	250.00	150.00
5	-	-	600.00	400.00	250.00	200.00	150.00
6	1000.00	900.00	700.00	500.00	500.00	350.00	150.00
7	-	600.00	400.00	250.00	250.00	200.00	150.00
8	-	600.00	400.00	250.00	250.00	200.00	150.00
9	1200.00	600.00	400.00	250.00	250.00	200.00	150.00
10	1200.00	900.00	700.00	500.00	500.00	350.00	150.00
11	1200.00	900.00	700.00	500.00	500.00	350.00	150.00
12	1200.00	900.00	700.00	500.00	500.00	350.00	150.00
13	1200.00	900.00	700.00	500.00	500.00	350.00	150.00
14	-	600.00	400.00	250.00	250.00	200.00	150.00
15	-	600.00	400.00	250.00	250.00	200.00	150.00

Fonte:-Tinsukia Circle Office 2014

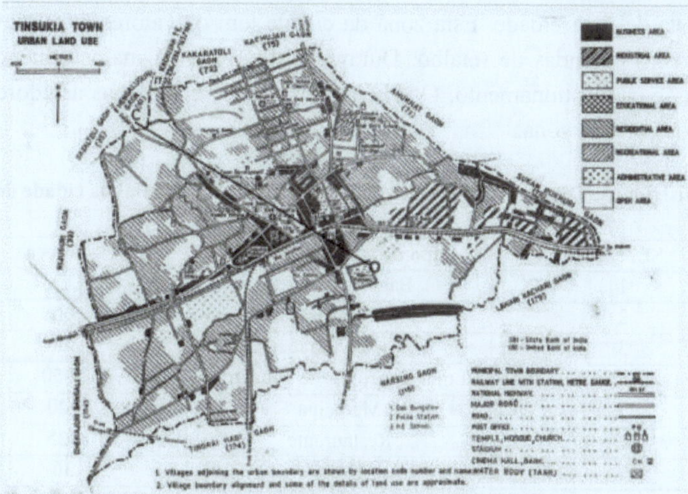

Fig-3.1

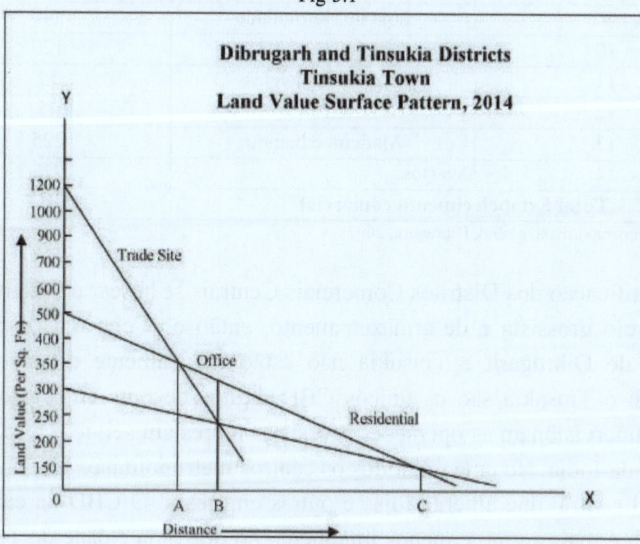

Figura 3.2

Perfil de coordenadas de superfície do valor do solo da cidade de Tinsukia com base no quadro 3.1 e na figura 3.1

As caraterísticas de Tinsukia são as seguintes: os valores dos terrenos para sítios comerciais são elevados, mas com intervalos elevados, os valores dos terrenos para escritórios são muito baixos, com intervalos moderados, e os valores dos terrenos residenciais são baixos, com intervalos baixos. **A estrutura interna do distrito comercial central (CBD):**

O centro da atividade comercial está localizado no Central Business District, Commercial Core e Primary Commercial Area. Representa o núcleo retalhista de uma cidade. Esta zona da cidade tem os valores mais elevados de terrenos e rendas de retalho. Durante o dia, há uma maior afluência de pessoas e congestionamento. Os clientes da cidade e dos seus arredores são servidos por esta zona.

Tabela-3.2

Distritos de Dibrugarh e Tinsukia Estabelecimento comercial da cidade de Dibrugarh, 2007

SL. Não.	Tipo de estabelecimento	Número
1	Bancas de livros	19
2	Mercearias	2000
3	Lojas de ferragens	300
4	Lojas de artigos de papelaria	1850
5	Medicina	220
6	Restaurante	425
7	Hotel	36
8	Loja de tecidos	1700
9	Loja de eletricidade	340
10	Peças do motor	120
11	Loja de bicicletas	12
12	Utensílios	45
13	Madeira e bambu	225
14	Diversos	725
Total Estabelecimento comercial		**8017**

Fonte: Planeamento urbano e rural, Dibrugarh, 2007

Se a identificação dos Distritos Comerciais Centrais se basear nas actividades de comércio grossista e de armazenamento, então os Centros Urbanos dos Distritos de Dibrugarh e Tinsukia não estão devidamente desenvolvidos. Dibrugarh e Tinsukia são os únicos CBD dignos de nota na região. Estes centros supervisionam as operações grossistas e prestam serviços à região do Nordeste da Índia. No entanto, todos os centros metropolitanos têm uma zona comercial central que alberga lojas e outras empresas. O CBD da cidade de Dibrugarh é mais antigo e menos imponente do que o da cidade de Tinsukia, com menos empresas grossistas e de armazenamento (Fig. 3.3).

Em Tinsukia, o traçado do CBD está a evoluir. Em muitos aspectos, o CBD de Tinsukia é visto como proeminente em Dibrugarh e nos distritos de Tinsukia que incluem Dibrugarh. Há uma mudança modesta no centro de gravidade dos negócios e uma ligeira alteração no padrão do CBD. Apesar da idade de Dibrugarh, Tinsukia emergiu como o único centro significativo para o comércio devido às suas excelentes infra-estruturas de comunicação.

A maioria das zonas urbanas da região está coberta pelo marketing retalhista. Todos os centros urbanos servem de centro comercial com vistas espectaculares sobre Tinsukia e Dibrugarh. Uma vez que o CBD é constituído por serviços grossistas e retalhistas, pode ser encontrado em todos os centros metropolitanos da região. Estes locais podem ser modestos ou grandes, com edifícios de grandes dimensões que se reúnem ao longo das vias de transporte e de tráfego. Os edifícios em diferentes centros urbanos têm diferentes skylines.

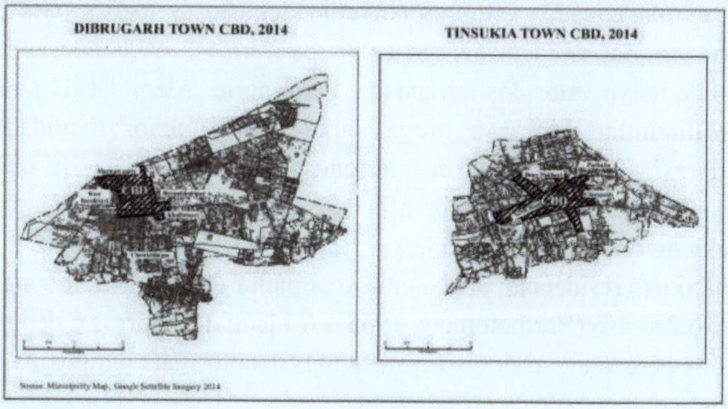

Zonas residenciais:

Classificação das zonas residenciais na cidade de Tinsukia:

(a) Áreas de elevado valor fundiário (mais de 500 rupias/pés quadrados): - A região central da cidade de Tinsukia, com os seus elevados valores fundiários, situa-se entre a linha de caminho de ferro e a N.H. 37 (Fig. 3.4). As áreas centrais da cidade, que incluem uma parte dos distritos 6, 10, 11, 12 e 13, estão situadas no centro da cidade e à sua volta. O valor dos terrenos residenciais e comerciais é elevado nesta zona da cidade, uma vez que, comparativamente, há poucos terrenos disponíveis para venda. Além disso, o valor dos terrenos residenciais no interior da cidade é aumentado pela conversão de secções residenciais em zonas comerciais. Partes das freguesias 6, 10, 11, 12 e 13 têm um valor elevado de terrenos para habitação devido à sua localização central, à proximidade do grande centro comercial, à escassez e à forte procura.

(b) Áreas de valor moderado a elevado do terreno (cerca de 350 rupias/pés quadrados): - O valor moderado a elevado do terreno residencial na parte sul da linha férrea e da National High Way 37 pode ser atribuído à presença de unidades industriais, de um mercado grossista de cereais e de serviços cívicos parcialmente disponíveis. O valor dos terrenos residenciais nas alas no. 1, 2, 3 e 4 é moderado. Os elementos topográficos que causam variações espaciais nos preços dos terrenos residenciais nesta zona são os terrenos baixos, a presença de equipamentos cívicos e o carácter dos espaços públicos próximos.

(c) Áreas de valor de terra baixo a moderado (cerca de 250 rúpias/pés quadrados): - Partes dos bairros 5, 7, 8, 9, 14 e 15 têm valores de terra baixos. A distância dos principais mercados comerciais, paragens de autocarro, estação de comboios, instituições de ensino, hospitais públicos, transportes inadequados e outras comodidades são as razões para o baixo valor dos terrenos residenciais nas zonas periféricas, resultando numa faixa contínua de baixo valor dos terrenos na parte norte. Além disso, o valor dos terrenos diminuiu devido à oferta simples e à menor rivalidade entre compradores. O baixo valor dos terrenos residenciais fora da cidade de Tinsukia resulta também da topografia deficiente.

Utilização de terrenos residenciais:

Em geral, o uso residencial ocupa uma área maior de uma área urbana do que qualquer outro uso (Bartholomew, 1955). A idade dos bairros é demonstrada pela maior percentagem de uso residencial; quanto mais antigos os bairros, maior a percentagem de uso residencial.

(a) Zonas residenciais de **classe baixa**: - Paltonbazar, Grahambazar, Gangapara, Pathanpatty, Tulsigaon, Santipara, Laharpatty, Mirzabag, Tinkunia, Dibrujan, etc. são algumas das zonas residenciais de classe baixa da cidade de Dibrugarh. As condições de vida são más em todos estes locais. As habitações são apertadas, húmidas, sombrias e impróprias para habitação humana. Quarenta por cento da população de Tinsukia reside em bairros pobres. Está dispersa pelas zonas 1, 2, 3, 5, 6, 8, 9 e 10. A maioria destes locais são agora bairros de lata devido à falta de planeamento e a actividades de construção insalubres e não regulamentadas. Os grupos de baixos rendimentos estão a tornar-se mais prevalentes nas áreas de Alupatty, Bikash Nagar, Boiragipara, Daily Bazar e Naharkatia Town devido à expansão populacional. As casas de Kutcha e semi-pucca são lugares lotados e sujos para se viver. O CBD de cada centro urbano contém a maioria destes locais.

(b) Zonas residenciais para a classe média: Como estes locais estão dispersos pela cidade, não existe uma linha de demarcação para eles. Este bairro é tipicamente habitado por casas de estilo assamês e edifícios residenciais mais antigos. Este bairro residencial de classe média constitui uma parte considerável do sudeste da cidade de Dibrugarh, onde se situam as colónias ferroviárias.

(c) Zonas residenciais de classe alta: - As zonas residenciais parcialmente de classe alta encontram-se na antiga zona residencial de Amolapatty, nas novas zonas residenciais, incluindo o sul de Jalan Nagar, Milan Nagar,

Chawkidingi, Borbari e Nirmaligaon, e em certas zonas de Boiragimoth, Kachari gaon, Mancotta, Niz Kadomoni e Mahpualimora Gohain gaon em Dibrugarh. Aí se encontram as residências de médicos, funcionários públicos, advogados, educadores, industriais e comerciantes. Estão planeados grandes empreendimentos residenciais em três locais: (i) ao longo do lado ocidental da Mancotta Road, desde a Convoy Road até à Khanikar Dairy Firm; (ii) ao longo da A.T. Road, desde a Convoy Road até à Kamargaon Road e à Bihiating Road; e (iii) ao longo da Mancotta Road, desde a Convoy Road até às Oficinas Ferroviárias. O planeamento e o desenvolvimento de bairros devem constituir a base destes locais. As zonas residenciais de classe alta na cidade de Tinsukia incluem Chaliha Nagar, Bordoloi Nagar, Gellapukhuri Road e outros locais recentemente desenvolvidos. Há espaço suficiente para o crescimento de Tinsukia nas suas fronteiras sul e noroeste. Apenas 14,99% dos 2836,74 acres do plano diretor de Namrup são constituídos por zonas residenciais. Recentemente, foram criadas em Naharkatia novas zonas residenciais em Gethu Pather, Tipling, Badhari, Jagun Gaon e Long Jong Gaon.

Variações internas da densidade populacional:

A densidade populacional dos principais centros urbanos, nomeadamente as cidades de Tinsukia e Dibrugarh, apresenta quatro áreas de densidade distintas: extremamente elevada, elevada, moderada e baixa. Os principais CBD das cidades de Tinsukia e Dibrugarh, bem como as zonas mais antigas e mais densamente habitadas, estão representados nas Figuras 3.5 e 3.6. As zonas fora dos centros das cidades têm densidades populacionais mais baixas. É geralmente verdade que, à medida que se passa das regiões interiores para as regiões periféricas dos centros das cidades, a densidade populacional continua a diminuir. Além disso, parece que, com o passar do tempo, a densidade em ambas as cidades aumentou e passou de moderada a alta ou de baixa a moderada (figs. 3.6, 3.7 e 3.8).

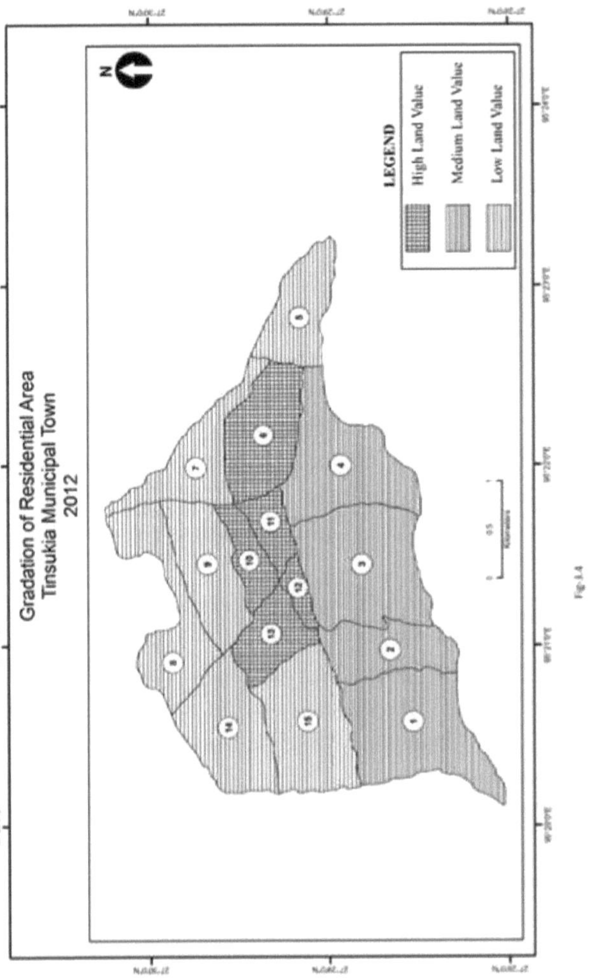

Tabela-3.3

Distritos de Dibrugarh e Tinsukia Região

Cidade de Dibrugarh (Municipal)

Densidade da população-2001 e 2011

		2001		2011	
Ala Nos	Área /km^2	População	Densidade/km^2	População	Densidade/km^2
1	0.90	1,968	2,187	3,032	3,369
2	1.64	8,032	4,898	7,974	4,862
3	1.18	4,146	3,514	3,375	2,860
4	1.29	7,847	6,083	9,172	7,110
5	1.61	4,700	2,919	7,046	4,376

6	1.32	7,745	5,867	9,005	6,821
7	0.63	3,962	6,289	5,214	8,276
8	0.46	7,574	16,465	8,446	18,360
9	0.44	5,702	12,959	7,017	15,948
10	0.14	3,470	24,786	4,336	30,971
11	0.15	2,131	14,207	1,934	12,893
12	0.36	3,657	10,158	5,371	14,919
13	0.26	5,303	20,396	5,860	22,538
14	0.35	4,590	13,114	4,824	13,783
15	0.63	5,387	8,551	5,403	8,576
16	0.61	4,813	7,890	7,419	12,162
17	0.38	3,622	9,532	5,629	14,813
18	0.88	9,275	10,540	8,687	9,872
19	0.46	7,737	16,820	7,047	15,320
20	0.27	4,724	17,496	4,207	15,581
21	0.45	4,832	10,738	5,507	12,238
22	1.09	10,676	9,794	13,060	11,982

Fonte: Gabinete de planeamento urbano e rural de Dibrugarh, Censo da Índia 2001 e 20

Tabela-3.4

Distritos de Dibrugarh e Tinsukia Cidade de Tinsukia

Densidade da população - 2001 e 2011

		2001		2011	
Ala Nos	Área /km^2	População	Densidade / km^2	População	Densidade/km^2
1	1.19	8,251	6,934	10,096	8,484
2	0.62	4,985	8.040	4,391	7,082
3	1.32	11,104	8,412	13,714	10,389
4	1.10	3,189	2,899	5,410	4,918
5	0.61	4,058	6,652	4,719	7,736
6	0.80	4.052	5,065	4,711	5,889
7	0.67	5,129	7,655	6,681	9,972
8	0.76	3,884	5,111	3,628	4,774
9	0.74	8,299	11,215	9,021	12,191
10	0.28	5,681	20,289	6,090	21,750
11	0.25	4,354	17,416	4,943	19,772
12	0.12	1,128	9,400	852	7,100
13	0.44	6,343	14,416	6,547	14,880
14	0.74	3,129	4,228	4,352	5,881
15	0.90	1,1977	13,308	14,283	15,870

Fonte: Gabinete de planeamento urbano e rural de Tinsukia, Censos da Índia 2001 e 2011

Centros comerciais secundários:

Os centros comerciais secundários e os distritos comerciais centrais movimentam bens comparáveis; no entanto, os centros comerciais secundários têm um volume de negócios mais reduzido. Tal como o centro comercial central, também têm um impacto fora da cidade. Para satisfazer as necessidades locais, os centros comerciais secundários de Dibrugarh estão situados nas zonas de Naliapool, Kalibari, Paltan Bazar, Gabhrupathar, Milan Nagar, Amolapatty e Chowkidinghee. Os centros comerciais secundários em Tinsukia incluem Makum Road, o bairro Napukhuri, o bairro da escola Senairam, Dhekiajuri, etc.

Hipermercado:

A criação de centros comerciais fora da cidade meticulosamente concebidos, onde uma vasta gama de bens e serviços é oferecida num único e enorme complexo que serve populações de pelo menos 2,50,000 habitantes, tem sido um desenvolvimento recente em muitas nações (Knowles e Wareing 1976). Atualmente, a maior parte dos centros comerciais locais e dos centros comerciais dos distritos de Dibrugarh e Tinsukia situam-se nas cidades de Dibrugarh e Tinsukia. Na cidade de Dibrugarh, o Bishal Mega Mart, o Big Bazar e a loja Sohum; na cidade de Tinsukia, o Bishal Mega Mart e o ATC Mall. Ao atrair clientes de locais próximos ou distantes que se deslocam frequentemente para comprar produtos a granel que são normalmente adquiridos localmente numa base semanal ou mesmo mais regular em mercados dispersos, este tipo de mercado tem por objetivo perturbar os hábitos de compra tradicionais.

Indústrias nos centros urbanos:

A industrialização e a urbanização têm uma longa história de relação. As únicas indústrias de grande escala que operam atualmente nos distritos de Tinsukia e Dibrugarh são as do chá, do carvão e do petróleo. Na cidade de Dibrugarh e nas suas áreas circundantes, está a expandir-se um grande número de pequenas empresas de produção caseira, de arroz, de atta e de fabrico ligeiro. É evidente que as indústrias primárias são as de contraplacado, artigos de madeira, maquinaria para o chá, mobiliário de ferro, produtos metálicos e outras máquinas, que são criadas porque o produto é procurado no interior ou porque as matérias-primas estão disponíveis a baixo custo. No entanto, as empresas relacionadas com a alimentação também estão a crescer nesta área. Para além das muitas hortas, a zona é também o lar de muitos pequenos produtores de chá. Esta indústria (contraplacado e madeira serrada) fechou devido às proibições governamentais de abate de árvores, por vezes conhecido como corte de madeira. Existem várias indústrias artesanais de bambu na zona e uma percentagem considerável da população trabalha nestes domínios.

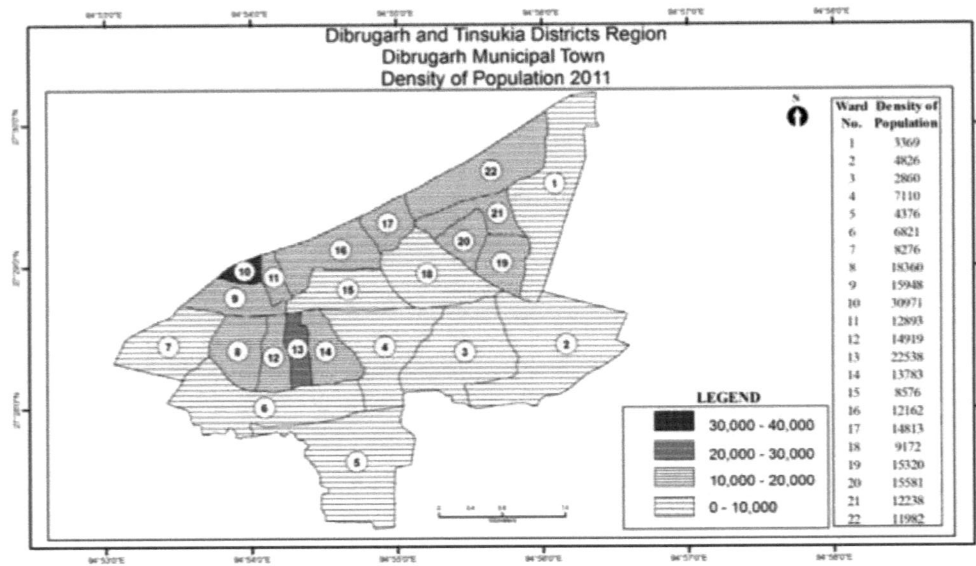

Dibrugarh and Tinsukia Districts Region
Dibrugarh Municipal Town
Density of Population 2011
LEGEND
30,000 - 40,000
20,000 - 30,000
10,000 - 20,000
0 - 10,000
Ward No. | Density of Population
1 | 3369
2 | 4826
3 | 2860
4 | 7110
5 | 4376
6 | 6821
7 | 8276
8 | 18360
9 | 15948
10 | 30971
11 | 12893
12 | 14919
13 | 22538
14 | 13783
15 | 8576
16 | 12162
17 | 14813
18 | 9172
19 | 15320
20 | 15581
21 | 12238
22 | 11982

Fig-3.6

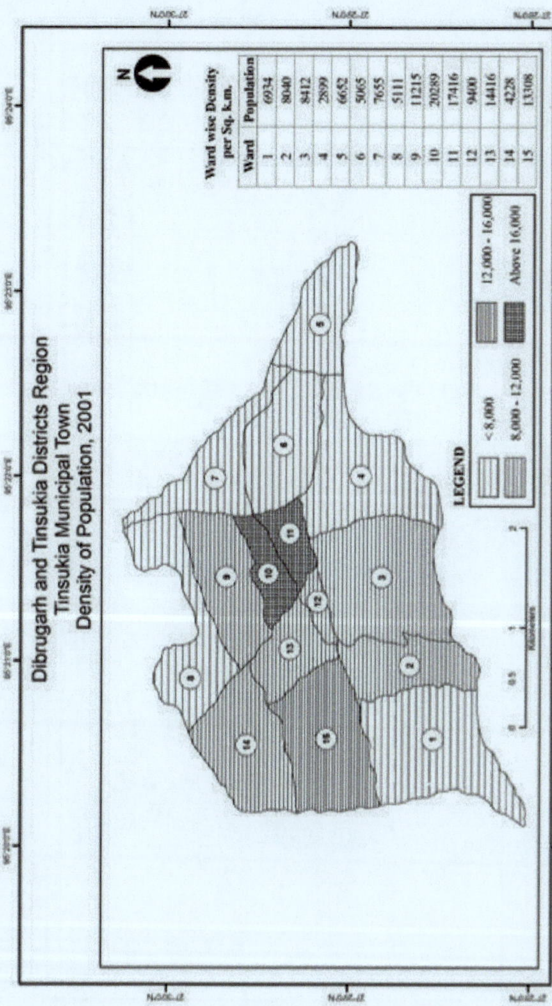
Dibrugarh and Tinsukia Districts Region
Tinsukia Municipal Town
Density of Population, 2001
N
Ward wise Density per Sq. k.m.
Ward Population
1 6934
2 8040
3 8412
4 2899
5 6652
6 5065
7 7655
8 5111
9 11215
10 20289
11 17416
12 9400
13 14416
14 4228
15 13308
LEGEND
< 8,000
8,000 - 12,000
12,000 - 16,000
Above 16,000
Kilometers

Fig.3.7

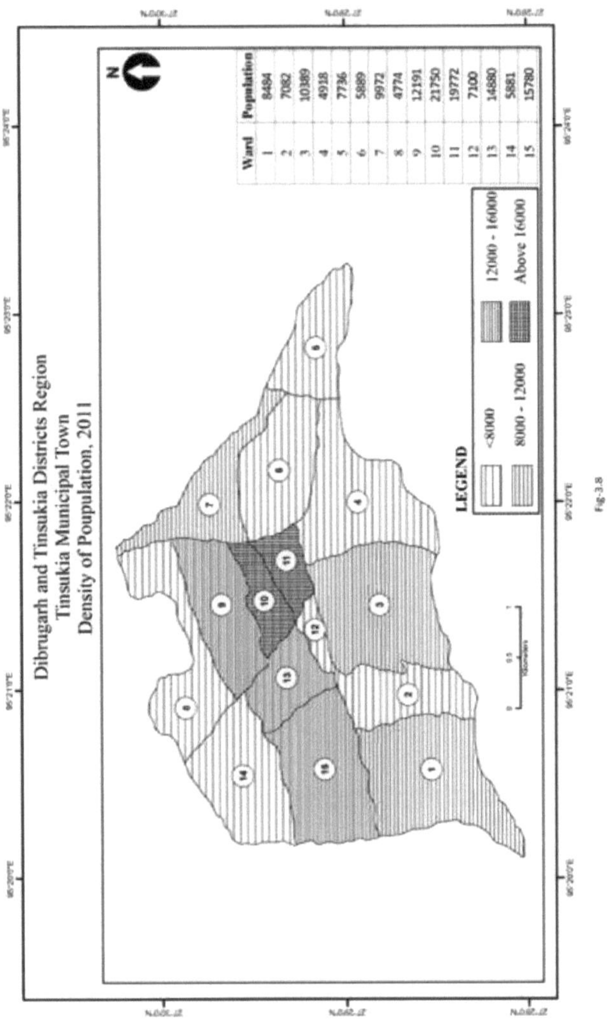

Indústria nos subúrbios:

Em comparação com o centro da cidade, a indústria suburbana apresenta geralmente um nível mais elevado de organização e planeamento. A indústria suburbana produz uma gama muito vasta de produtos. A indústria tem um enorme potencial para a produção de ferramentas de jardim e ferragens como parafusos, porcas, parafusos, grelhas, etc. Outras opções incluem fundições, indústrias de bandas de arame, fundições, instalações de utensílios não ferrosos e empresas de engenharia geral localizadas em regiões suburbanas dos centros urbanos da região dos distritos de Dibrugarh e Tinsukia . Tendo em conta que o novo projeto de cracker de gás foi estabelecido em

Dibrugarh, mesmo à saída da área do plano diretor de Lepetkata, foram escolhidos quatro blocos (áreas) únicos para desenvolvimento. Os locais são: (i) Bongalgaon, no lado oriental da A.T. Road; (ii) perto da estação ferroviária de Chowlkhowa, no lado ocidental da A.T. Road; e (iii) em direção a Tinsukia, no lado sul, na intersecção da projectada National Highway e da National Highway 37. Nas actuais oficinas ferroviárias (iv). No primeiro quarteirão, está prevista a instalação de empresas limpas, ligeiras e médias. As indústrias pesadas e médias são as únicas autorizadas a utilizar o segundo e terceiro blocos. A estação ferroviária de Chowlkhowa na NH-37 servirá o quarto bloco. Estes blocos serão ligados a Tinsukia e a outras comunidades industriais e comerciais da zona pela NH-37. Um pequeno sector suburbano na cidade de Namrup situa-se perto da fábrica da BVFC e está associado à exploração de pedreiras para a extração e trituração de pedras.

Recentemente, a região de Golai, em Digboi, situada nos arredores da cidade, foi estabelecida como terminal da IOC (também conhecida como depósito ou reservatório). A maioria dos grandes poços de petróleo da Oil India Limited, incluindo a margem sul de Burhi Dihing, Chachoni, Joypore, Nigam e Tingkhong, situa-se perto de Naharkatia. A urbanização é, por conseguinte, afetada pela indústria suburbana. Em Tinsukia, há uma série de empresas notáveis baseadas nos subúrbios, incluindo as que se situam ao longo da estrada de Makum, as colónias industriais de Borguri, o parque de plásticos proposto na zona de Natun gaon e outras indústrias que oferecem artigos aos mercados interno e externo.

Modelos de estruturas e planos urbanísticos:

O crescimento de um centro urbano, de uma vila ou de uma cidade depende das diversas funções que nele se realizam. A urbanização começa com o estabelecimento de um ponto focal, que pode ser uma área pública ou comercial que atrai pessoas para a área num padrão setorial ou circular. Os geógrafos urbanos propuseram algumas hipóteses sobre a forma como as comunidades urbanas se expandem. São elas a teoria dos multi-núcleos de Harris e Ullman, a teoria setorial de Hoyt e a teoria dos círculos concêntricos de Burgess. A última teoria defende que as povoações se desenvolvem em torno de múltiplos núcleos, em contraste com as duas primeiras teorias que postulam que as povoações emergem de um único ponto focal. Neste caso, procurou-se determinar se a estrutura populacional dos distritos de Dibrugarh e Tinsukia é compatível com as formas de crescimento urbano acima referidas. É de notar que os padrões de urbanização das nações em desenvolvimento divergem significativamente dos das nações ricas. A aplicação de métodos teóricos e metodológicos ocidentais para o estudo de centros urbanos tem limitações em países emergentes com formas sociais, económicas, históricas e urbanas distintas. A principal caraterística da urbanização nos países emergentes é o facto de não ter progredido a um ritmo proporcional ao da industrialização. Foi apelidada de "urbanização abaixo do padrão" por vários académicos.

Os principais critérios para tal são o facto de as nossas cidades terem uma elevada percentagem de desempregados inaptos para a urbanização ocidental, bem como elevadas taxas de densidade populacional e de desemprego. De acordo com este ponto de vista, o crescimento urbano dos distritos de Dibrugarh e Tinsukia está a dar os primeiros passos e centrou-se num ponto focal situado na zona do NEW MARKET de Dibrugarh. Assim, a ideia de Burgess de desenvolvimento em círculos concêntricos é incompatível com o desenvolvimento urbano da região. Pode argumentar-se que o padrão de crescimento da região é sobretudo coerente com a ideia de desenvolvimento setorial de Hoyt.

Este é o resultado da ênfase dada por Hoyt ao CBD, que serve de centro para o desenvolvimento urbano setorial. Diferentes sectores de atividade cresceram, convergiram e amalgamaram-se nos distritos de Dibrugarh e Tinsukia, não a partir de um único ponto, mas de múltiplos pontos. Por conseguinte, o crescimento urbano regional dos distritos de Dibrugarh e Tinsukia só é parcialmente abrangido pela ideia de Hoyt. A expansão urbana regional, no entanto, é mais consistente com a ideia do modelo de múltiplos núcleos de Harris e Ullman (Fig. 3.9).

Existem dois núcleos nos distritos de Tinsukia e Dibrugarh. O primeiro é o centro mais antigo, Purana Bazar, que se situa na região centro-norte da cidade de Dibrugarh. A histórica estação de comboios no centro da cidade de Tinsukia constitui o segundo núcleo.

Estes centros são também pólos de comércio e de transporte. A partir destes centros de gravidade, a povoação expandiu-se para o exterior sob a forma de sectores. Os núcleos originais e a parte medieval da cidade de Dibrugarh são o Purana Bazar, um mercado moderno. A expansão continuou a leste, uma vez que a região de Sibsagar e os jardins de chá delimitavam as áreas diretamente a sul e no extremo oeste, e o rio Brahmaputra confinava as áreas a norte. Devido à localização vantajosa da cidade de Tinsukia e à expansão dos caminhos-de-ferro, surgiu outro centro comercial no final do século XIX, perto do mercado principal e da estação ferroviária.

Estes núcleos formaram-se de forma bastante rápida e aleatória, em resultado do crescimento das plantações de chá e dos estabelecimentos industriais em

Digboi, Duliajan Naharkatia e Namrup. Este facto deu origem a uma grande concentração de população em torno destes núcleos.

Estes núcleos formaram-se de forma bastante rápida e aleatória, devido ao crescimento das plantações de chá e dos estabelecimentos industriais em Digboi, Duliajan Naharkatia e Namrup. O resultado foi uma grande concentração de população em torno destes núcleos.

Mudança do padrão de utilização dos solos:

A utilização do solo das cidades pode ser classificada, grosso modo, em zonas residenciais, comerciais e industriais, bem como em zonas públicas e semi-públicas, recreativas, de transportes e de comunicações.

A área da cidade de Dibrugarh cresceu dinamicamente de 6441,57 hectares para 7182,69 hectares. A área aumentou 741,12 hectares. Na categoria de terrenos ferroviários, registou-se um aumento de cerca de 32,95 hectares. Durante o período 1966-2007, registou-se um aumento de 44,90 hectares na área de transportes e comunicações, 160,71 hectares em escritórios públicos e semi-públicos, 2,86 hectares numa área industrial, 28,57 hectares na área comercial e 3,17 hectares na área recreativa. Analisando a evolução da ocupação do solo ao longo deste período, verifica-se um aumento significativo das categorias residenciais. As zonas industriais e recreativas não registaram um grande crescimento. A quantidade de terrenos agrícolas, de terrenos não urbanizados e de massas aquáticas está a diminuir a par do rápido aumento da população.

A utilização total do solo na cidade de Tinsukia não se alterou entre 1984 e 2011 (Quadro 3.5), embora se tenha registado um aumento de cerca de 1334,86 hectares na área residencial. O aumento das categorias comerciais é de aproximadamente 136,22 hectares. Apenas 30,56 hectares foram acrescentados às categorias industriais. Em todas as outras categorias, registou-se um crescimento considerável. O Green Belt-B (Tea Garden) e as terras agrícolas estão a diminuir devido ao rápido aumento da população. No que respeita à cidade municipal de Tinsukia, em 1971 a área construída limitava-se a Dohutia Chuk a norte, ao templo de Sivdham a leste, a Hijuguri a oeste e a Sripuriagaon a sudoeste. No entanto, desde 1914, a cidade tem vindo a crescer de forma centrífuga. Noventa por cento de todas as mudanças no uso do solo estão a ocorrer na direção oeste.

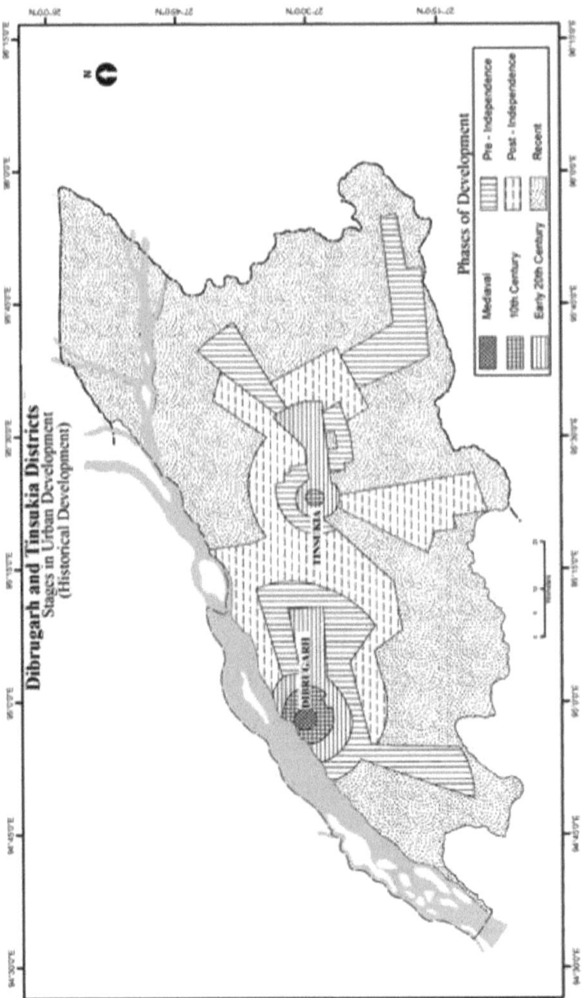

Tabela-3.5

Distritos de Dibrugarh e Tinsukia

Alteração da utilização do solo urbano das cidades de Dibrugarh e Tinsukia durante 1966-2011na área do Plano Diretor

Utilização do solo	Dibrugarh				Tinsukia			
	1966	% do total	2007	% do total	1984	% do total	2011	% do total
Residencial	668.79	10.4	1419.50	19.76	1015.420	19.30	2350.28	44.68
Comercial	32.41	0.50	60.98	0.85	75.608	1.44	247.53	4.71
Industrial	27.63	0.43	30.49	0.42	91.920	1.75	257.70	4.90
Público e	139.17	2.16	299.88	4.18	142.232	2.70	347.68	6.61

semipúblico								
Recreativo	25.83	0.40	29.00	0.40	26.800	0.51	50.66	0.96
Circulação	198.99	3.09	243.89	3.40	164.344	3.12	211.67	4.02
Defesa	43.83	0.68	44.38	0.62	13.520	0.26	-	-
Caminhos-de-ferro	12.00	0.19	44.95	0.63	51.328	0.98	51.32	0.98
Cintura verdeA	-	-	19.34	0.27	-	-	-	-
Cintura Verde - B (jardim de chá)	1158.05	17.98	1203.85	16.76	672.720	12.79	334.90	6.37
Agricultura	2937.94	45.61	2827.59	39.37	2375.22 0	45.15	1370.04	26.04
Terrenos vagos	1150.45	17.86	514.39	7.16	592.652	11.27	-	-
Água Corpos	46.12	0.72	41.54	0.58	38.748	0.74	38.74	0.74
Terrenos públicos	-	-	402.90	5.61	-		-	
Total	6441.57 hec.	100.0 0	7182.69h ec.	100.0 0	5260.52 hec.	100.0 0	5260.52 hec.	100.0 0

Fonte: Planeamento urbano e rural, Dibrugarh e Tinsukia, ASSAM

De 1971 a 2014, a cidade municipal de Dibrugarh cresceu adicionalmente para oeste em Barbarua, em direção a Nirmaligaon e ao recém-desenvolvido município de BCPL (fig. 3.11). Durante este período, os terrenos abertos/vazios foram transformados em zonas de construção. Assim, noutros casos
(fig. 3.12, 3.13, 3.14, 3.15, 3.16, 3.17, 3.18 e 3.19), observam-se mudanças nos padrões de utilização do solo ao longo do tempo e inferências espaciais sobre a natureza dinâmica do crescimento urbano.

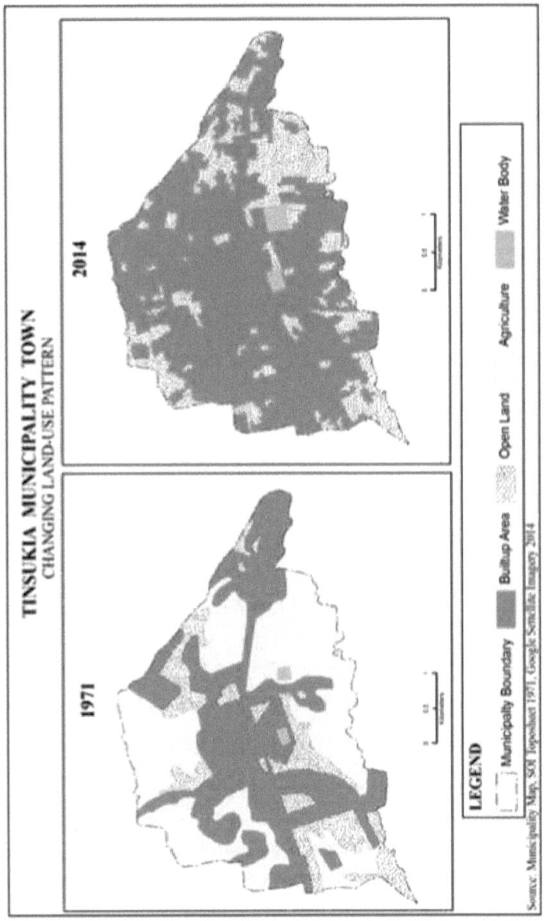
TINSUKIA MUNICIPALITY TOWN
CHANGING LAND-USE PATTERN
1971
2014
LEGEND
Municipality Boundary
Builtup Area
Open Land
Agriculture
Water Body
Source: Municipality Map, SOI Toposheet 1971, Google Satellite Imagery 2014

Fig-3.10

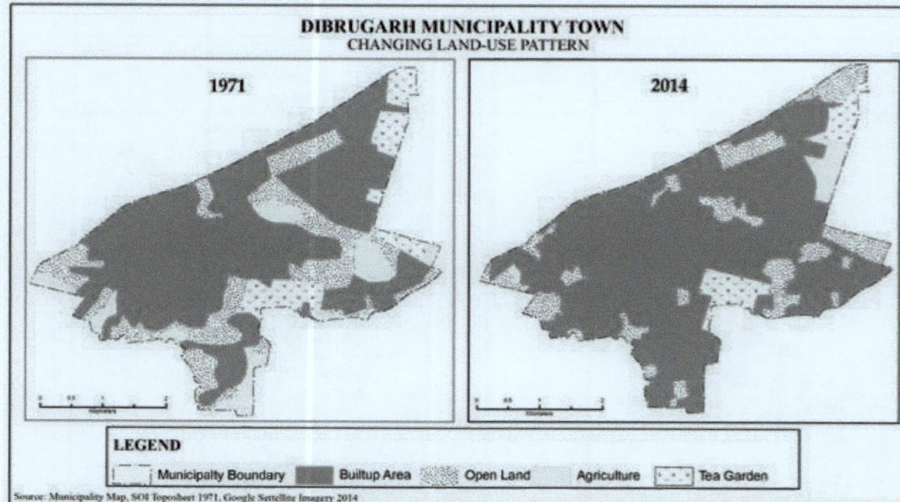
DIBRUGARH MUNICIPALITY TOWN
CHANGING LAND-USE PATTERN
1971
2014
LEGEND
Municipalty Boundary
Builtup Area
Open Land
Agriculture
Tea Garden
Source: Municipality Map, SOI Toposheet 1971, Google Settellite Imagery 2014

Fig-3.11

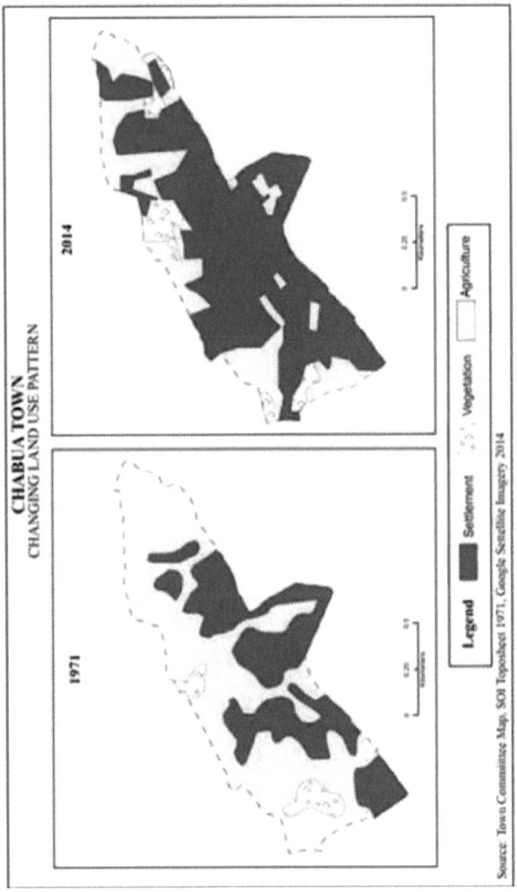

Source: Town Committee Map, SOI Toposheet 1971, Google Satellite Imagery 2014

Fig-3.12

NAHARKATIA TOWN
CHANGING LAND USE PATTERN

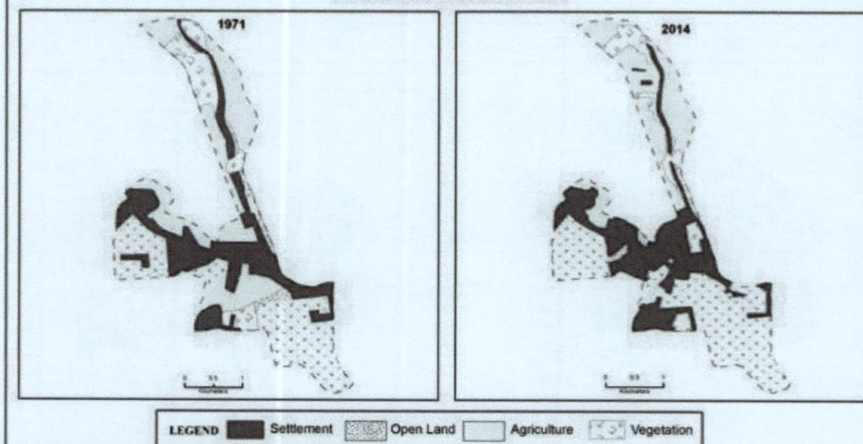

Source: Town Committee Map, SOI Toposheet 1971, Google Settelite Imagery 2014

Fig-3.13

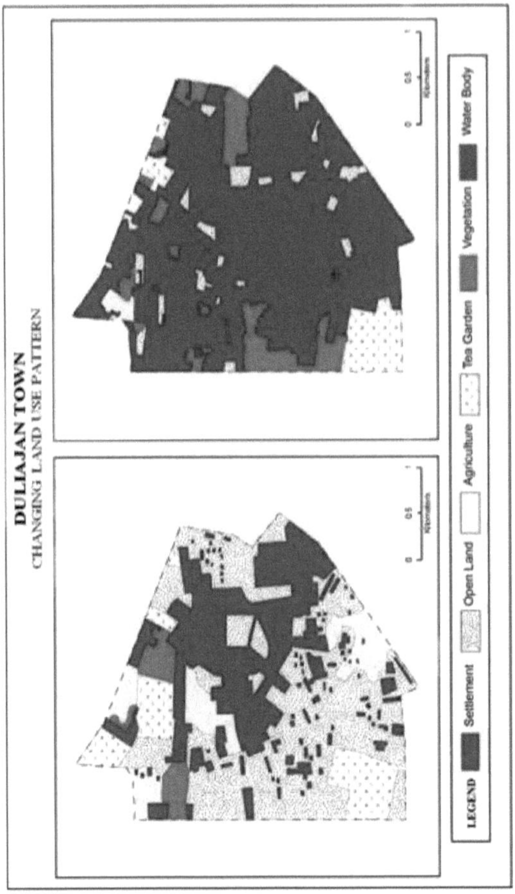
DULIAJAN TOWN
CHANGING LAND USE PATTERN
0
0.5
1
Kilometers
LEGEND
Settlement
Open Land
Agriculture
Tea Garden
Vegetation
Water Body

Fig-3.14

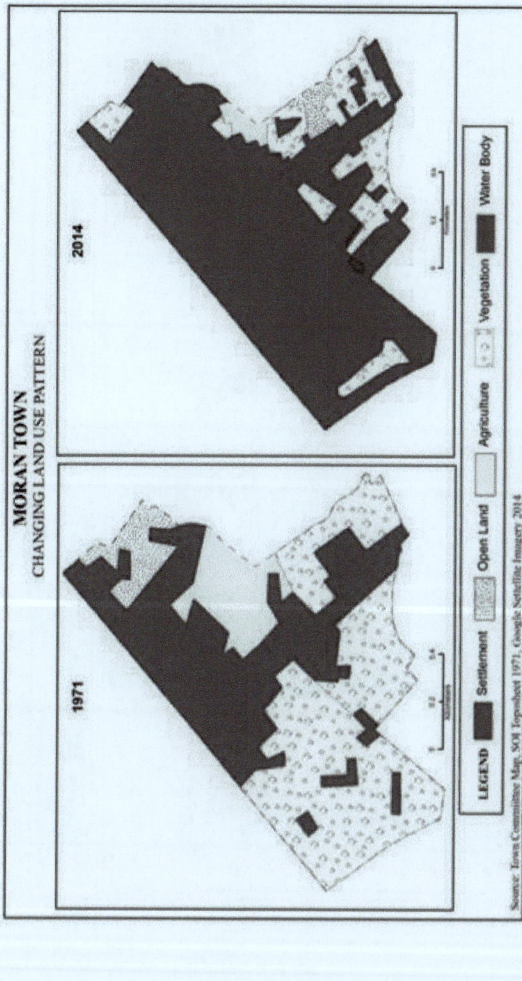

Source: Town Committee Map, SOI Toposheet 1971, Google Satellite Imagery 2014

Fig-3.15

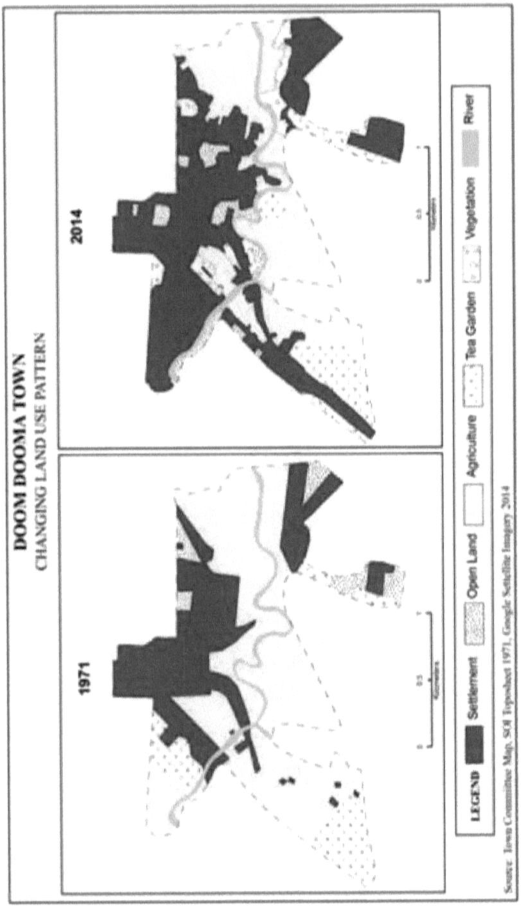
DOOM DOOMA TOWN
CHANGING LAND USE PATTERN
1971
2014
LEGEND
Settlement
Open Land
Agriculture
Tea Garden
Vegetation
River
Source: Town Committee Map, SOI Toposheet 1971, Google Satellite Imagery 2014

Fig 3.16

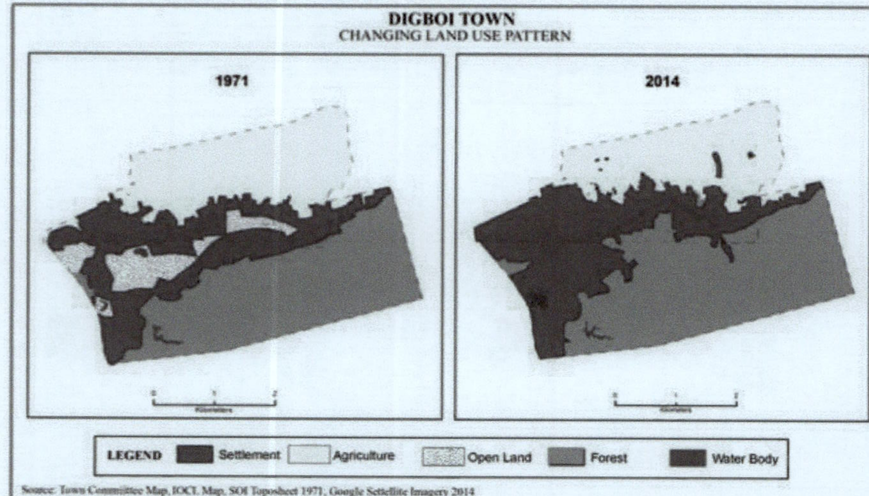
DIGBOI TOWN
CHANGING LAND USE PATTERN
1971
2014
LEGEND
Settlement
Agriculture
Open Land
Forest
Water Body
Source: Town Committee Map, IOCL Map, SOI Toposheet 1971, Google Settellite Imagery 2014

Fig-3.17

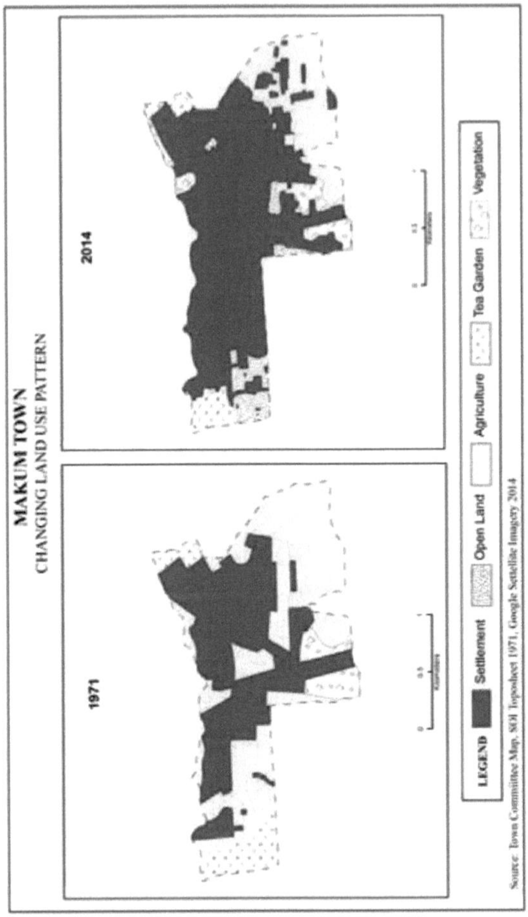

Source: Town Committee Map, SOI Toposheet 1971, Google Settellite Imagery 2014

Fig 3.18

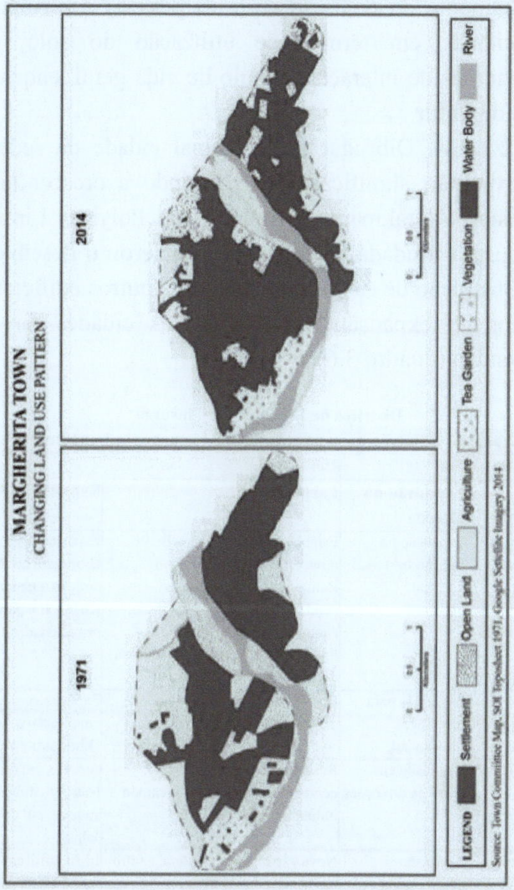

Expansão urbana: Trends, Mechanisms, and Contributing Factors (Tendências, Mecanismos e Factores Contribuintes):

De acordo com as observações efectuadas, a extensão e a forma do crescimento urbano nos distritos de Dibrugarh e Tinsukia mudaram recentemente. Atualmente, observam-se forças centrífugas que conduzem à saída de instalações razoavelmente ricas e de dimensão média das zonas centrais de outras cidades dos distritos de Dibrugarh e Tinsukia, bem como dos subúrbios, devido ao tráfego, à drenagem inadequada, às condições anti-higiénicas, etc.

Em locais de construção recente, as habitações estão cada vez mais isoladas do padrão original de uso misto do solo, exibindo formas arquitectónicas distintas e distintivas. Consequentemente, nos últimos anos, tem-se verificado um aumento do contacto entre as pessoas e a zona exterior em expansão da cidade, em termos de utilização do solo, composições demográficas, padrões de interação e estilo de vida geral, enquanto o núcleo da cidade está a diminuir.

Nos últimos dez anos, Dibrugarh, a principal cidade da sede do distrito, registou uma expansão significativa. Tem vindo a crescer na direção de Lepetkata, a oeste. A Brahmaputra Cracker and Polymer Limited (BCPL), uma grande indústria fundada recentemente, acelerou o desenvolvimento da cidade com a construção de casas, um mercado e outros edifícios comerciais. Existem cenários de expansão mútua entre as cidades dos distritos de Dibrugarh e Tinsukia (quadro 3.6).

Tabela-3.6

Distritos de Dibrugarh e Tinsukia

Expansão e direção da expansão de centros urbanos importantes

Para os	1971-2004		2004-2014	
	Factores	**Expansão na direção**	**Factores**	**Expansão na direção**
Dib rug arh	Sede do distrito, estação ferroviária, Universidade de Dibrugarh, Faculdade de Medicina, estação de autocarros	Expansão na direção oeste-sul e sudeste	Estabelecimento DHC + BCPL, nova estação ferroviária em Banipur, escolas, colégios, residências, centro de televisão, centro comercial, indústrias ligeiras e de engenharia, indústria do chá.	Expansão para oeste em direção a Dibrugarh até Moran, para sul em direção a Boiragimoth, Kachabari, Khanikar e para leste em Banipur e proximidades
Cha bua	Estação ferroviária e estação de autocarros da base do exército	Expansão para leste, oeste - direção sul.	Residencial, escolas, colégio, centro comercial	Expansão em todas as direcções em direção a Tengakhat, Tinsukia, Dibrugarh e lado norte
Nah arka tia	Estação de bombagem de óleo, estação ferroviária, escolas, colégios	Expansão em todas as direcções	Residencial, escolas, colégio, centro comercial, casa de campo e indústria turística.	A norte, em direção a Tinsukia, a leste, em direção a Dibrugarh e a sudeste, em direção a Namrup e Jaipur.
Dul iaja n	Cidade Industrial do Petróleo, estação ferroviária	Expansão centrífuga em todas as direcções.	Nova expansão petrolífera, centro residencial e comercial,	Lado norte em direção a Tinsukia e lado sudeste em direção a Naharkatia
Na mru p	Fertilizantes, petroquímica e central térmica, estação ferroviária	Expandido centralmente	Residencial e comercial	Lado oriental em direção a Hapjan T.E. e lado ocidental perto da estação ferroviária
Mor an	Estação de bombagem de petróleo, estação ferroviária	Expansão na direção oeste	Criação de um comité da cidade, centro comercial, residencial, escolas, colégio	Oeste em direção a Sibsagarh, Sudeste em direção a Rajgarh, Leste em direção a Dibrugarh.
Tin suki a	Centro comercial, estação ferroviária, estação de autocarros, ensino	Em direção a Norte e Leste	Centro comercial, indústria do chá, hospitais, indústrias ligeiras e de pequena escala, residências, escolas, colégios	Para oeste no lado de Dibrugarh, para sul no lado de Bordubi e para leste no lado de Makum
Doo m Doo ma	Centro comercial, estação ferroviária, estação de autocarros	Rumo ao Oriente e ao Ocidente	Centro comercial, indústria do chá, serrações, habitação, escolas, colégio	Oeste em direção a Tinsukia e lado oriental em direção a Kakopather
Dig boi	Refinaria, campo de produção de petróleo, estação ferroviária, estação de autocarros,	Em direção ao Norte	Terminal petrolífero, indústria do chá, serrações, residências, escolas, colégio	Norte em direção a Tinsukia, Sul em direção a Margherita, Este em direção a Pengeri

	escolas, colégios			
Ma ku m	Centro comercial e estação ferroviária	Em direção a Oeste	centro comercial, residencial, escolas, colégio, indústria do chá	Expansão para Oeste em Tinsukia, Sudeste em Digboi, Leste em Doom Dooma.
Mar ghe rita	Jazida de carvão, estação ferroviária	Em direção a Leste	Criação de um comité da cidade, centro comercial, indústria da madeira, habitação, escolas, colégio	Em direção a Noroeste, em Digboi, e a Leste, no lado de Jagun

Fontes: Com base em todos os mapas da cidade preparados com técnicas de SIG e de deteção remota

Para além do gráfico supramencionado, foram apresentadas fotografias de municípios importantes para demonstrar a expansão em dimensão espácio-temporal, o que pode ilustrar a alteração do padrão e da direção da expansão. A expansão urbana provoca tensões geomorfológicas ambientais, bem como implicações sociais e económicas, como o congestionamento do tráfego, o declínio dos núcleos urbanos, frequentemente divididos em função da classe e da sociedade, e a alienação suburbana e a falta de sentido de comunidade. Os desenvolvimentos suburbanos cobrem enormes secções de florestas, pântanos, zonas selvagens de recreio e terras agrícolas, permitindo a expansão.

No que se refere à expansão global da cidade de Tinsukia, verificou-se que, nos últimos dez anos, a cidade se expandiu para leste e oeste ao longo das estradas de Makum e Dibrugarh, respetivamente. A cidade tem-se expandido para o centro por ser o centro comercial da parte superior de Assam. Tem-se estendido para norte para utilização de terrenos residenciais. No entanto, à medida que as cidades da região se expandem, os padrões e factores de mudança divergem. É impossível generalizar o padrão de expansão em todas as zonas urbanas. No entanto, quase todas estão a expandir-se interna e externamente. A adição do campo ou o desenvolvimento suburbano é um processo que envolve tanto a expansão externa como a central dos centros metropolitanos. A falta de desenvolvimento de recursos impede a crescente urbanização da região. Os mapas apresentam exemplos de expansão urbana (figs.3.20-3.30).

Da explicação que se segue, pode concluir-se que a região emergiu significativamente e se expandiu espacialmente em várias direcções nos últimos 20 anos. Um máximo de três municípios a cada dez anos. Podem vir a ser equipados com as comodidades actuais, emergindo como municípios plenamente desenvolvidos que estão a lançar as sementes para outros.

Dibrugarh and Tinsukia Districts Region
Dibrugarh Town
Urban Sprawling, 1971-2014
N
To Tinsukia
Other Roads
NH 37
Railway
Urban Area 1971
Urban Area 2004
Urban Area 2014
Town Boundary &
Vacant Land
Source: Municipality Map, SOI Toposheet 1971,
Google Satellite Imagery 2004, 2014

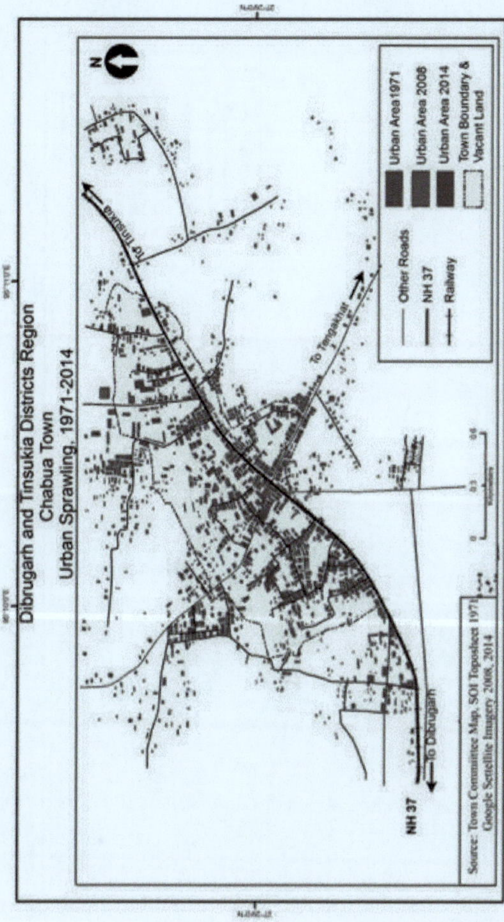
Dibrugarh and Tinsukia Districts Region
Chabua Town
Urban Sprawling, 1971-2014
N
To Tinsukia
To Tengakhat
To Dibrugarh
NH 37
Other Roads
NH 37
Railway
Urban Area1971
Urban Area 2008
Urban Area 2014
Town Boundary & Vacant Land
Source: Town Committee Map, SOI Toposheet 1971,
Google Setellite Imagery 2008, 2014

Fig-3.21

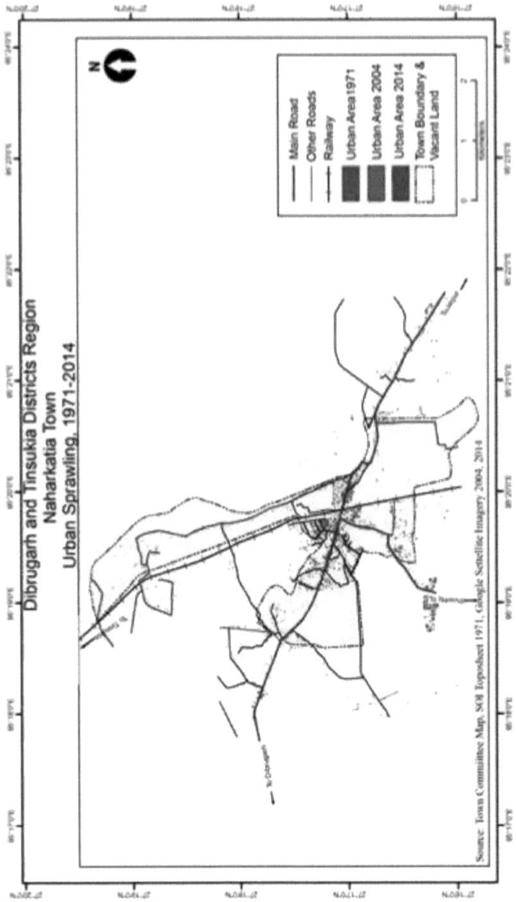
Dibrugarh and Tinsukia Districts Region
Naharkatia Town
Urban Sprawling, 1971-2014
N
Main Road
Other Roads
Railway
Urban Area1971
Urban Area 2004
Urban Area 2014
Town Boundary &
Vacant Land
Source: Town Committee Map, SOI Toposheet 1971, Google Settellite Imagery 2004, 2014

Fig-3.22

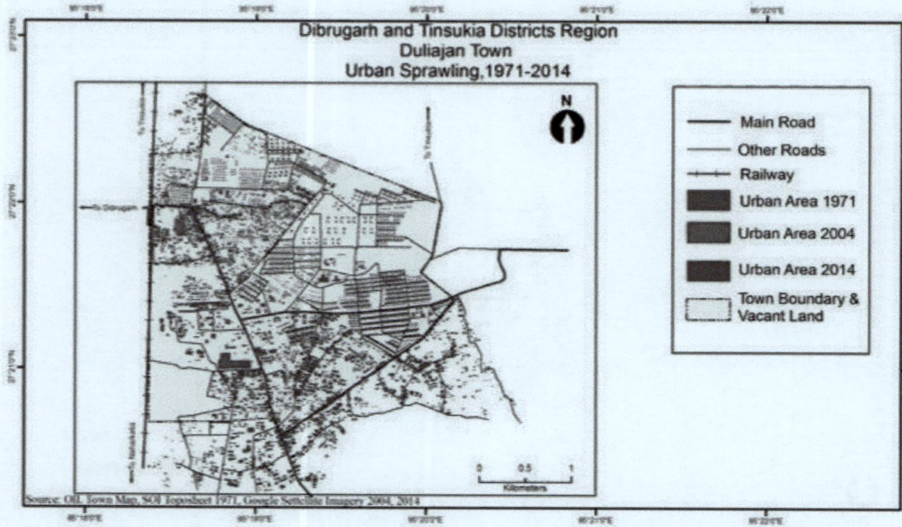
Dibrugarh and Tinsukia Districts Region
Duliajan Town
Urban Sprawling,1971-2014
N
Main Road
Other Roads
Railway
Urban Area 1971
Urban Area 2004
Urban Area 2014
Town Boundary & Vacant Land
0 0.5 1
Kilometers
Source: OIL Town Map, SOI Toposheet 1971, Google Settellite Imagery 2004, 2014

Fig 3.23

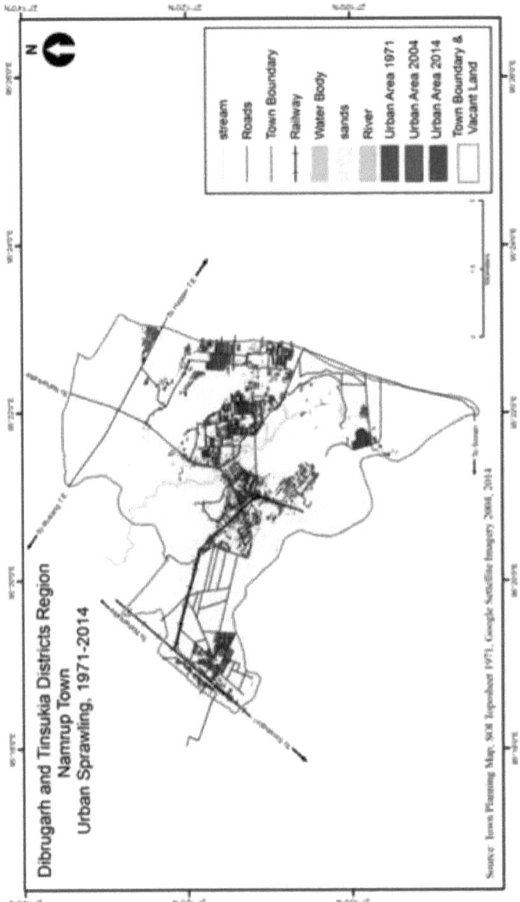
Dibrugarh and Tinsukia Districts Region
Namrup Town
Urban Sprawling, 1971-2014
N
stream
Roads
Town Boundary
Railway
Water Body
sands
River
Urban Area 1971
Urban Area 2004
Urban Area 2014
Town Boundary & Vacant Land
Source: Town Planning Map, SOI Toposheet 1971, Google Satellite Imagery 2004, 2014

Fig 3.24

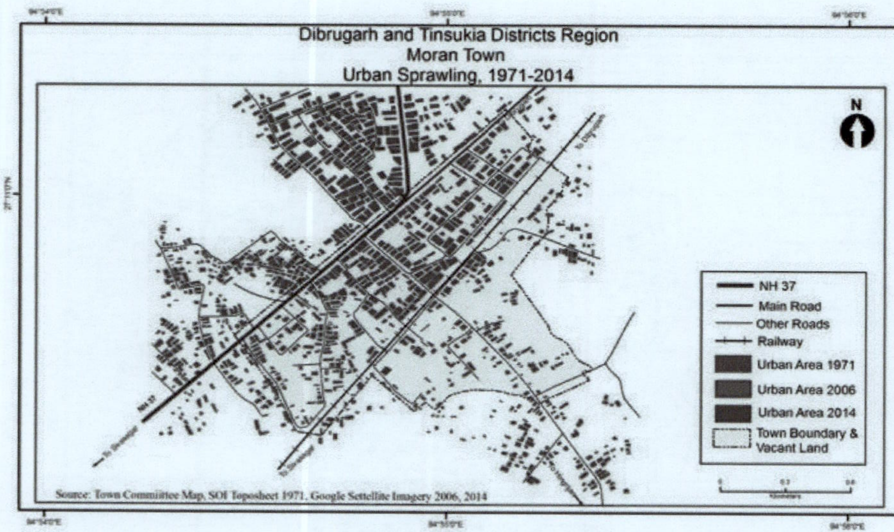
Dibrugarh and Tinsukia Districts Region
Moran Town
Urban Sprawling, 1971-2014
N
NH 37
Main Road
Other Roads
Railway
Urban Area 1971
Urban Area 2006
Urban Area 2014
Town Boundary &
Vacant Land
Source: Town Committee Map, SOI Toposheet 1971, Google Settellite Imagery 2006, 2014

Fig-3.25

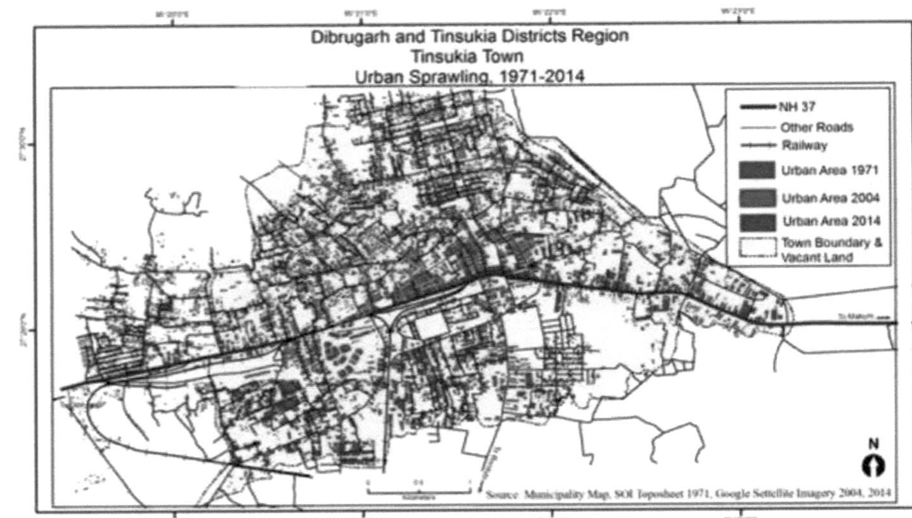
Dibrugarh and Tinsukia Districts Region
Tinsukia Town
Urban Sprawling, 1971-2014
NH 37
Other Roads
Railway
Urban Area 1971
Urban Area 2004
Urban Area 2014
Town Boundary &
Vacant Land
N
Source: Municipality Map, SOI Toposheet 1971, Google Settellite Imagery 2004, 2014

Fig-3.26

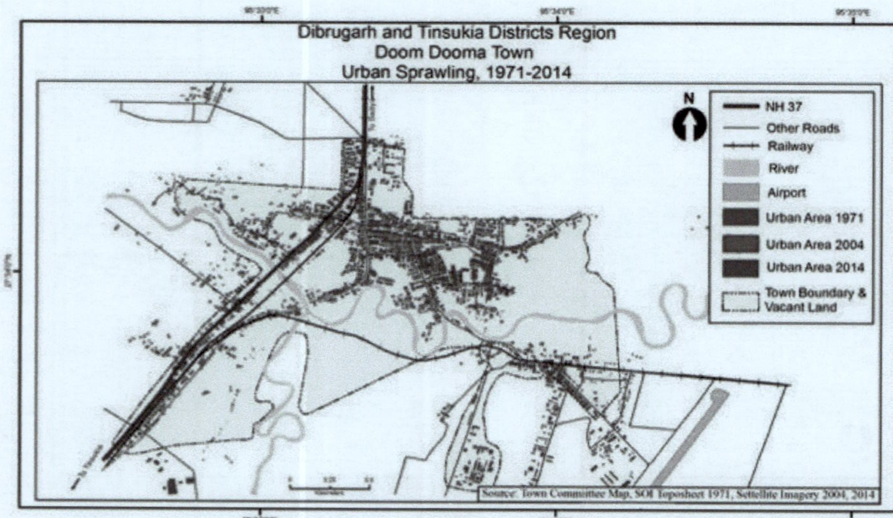
Dibrugarh and Tinsukia Districts Region
Doom Dooma Town
Urban Sprawling, 1971-2014
N
NH 37
Other Roads
Railway
River
Airport
Urban Area 1971
Urban Area 2004
Urban Area 2014
Town Boundary &
Vacant Land
Source: Town Committee Map, SOI Toposheet 1971, Settellite Imagery 2004, 2014

Fig 3.27

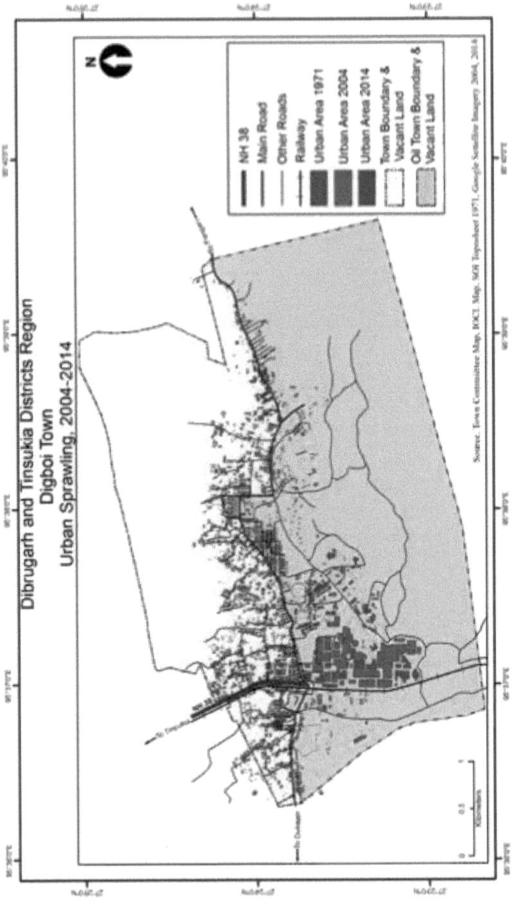
Dibrugarh and Tinsukia Districts Region
Digboi Town
Urban Sprawling, 2004-2014
N
NH 38
Main Road
Other Roads
Railway
Urban Area 1971
Urban Area 2004
Urban Area 2014
Town Boundary & Vacant Land
Oil Town Boundary & Vacant Land
Kilometers
Source: Town Committee Map, IOCL Map, SOI Toposheet 1971, Google Satellite Imagery 2004, 2014

Fig-3.28

Dibrugarh and Tinsukia Districts Region
Makum Town
Urban Sprawling, 1971-2014
N
NH
Other Roads
Railway
Urban Area1971
Urban Area 2004
Urban Area 2014
Town Boundary &
Vacant Land
Source: Town Committee Map, SOI Toposheet 1971, Google Satellite Imagery 2004, 2014

Fig-3.29

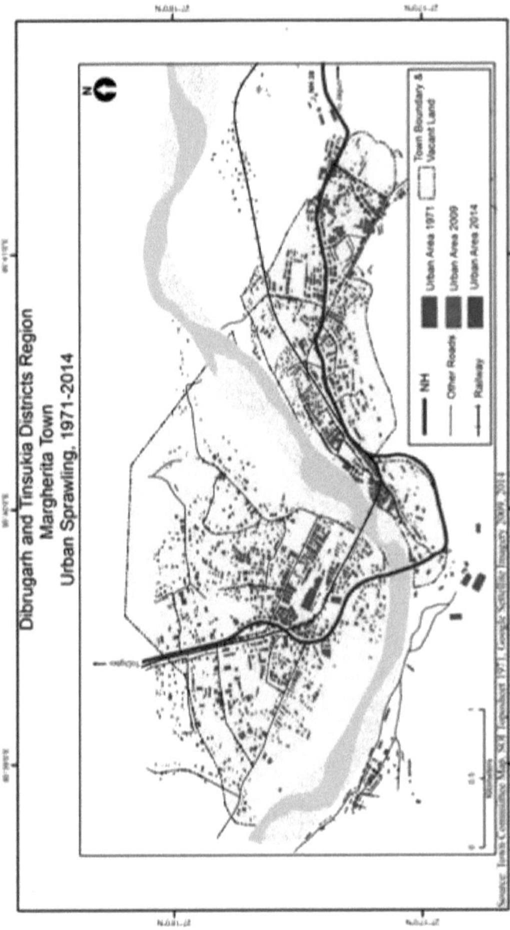
Dibrugarh and Tinsukia Districts Region
Margherita Town
Urban Sprawling, 1971-2014
N
NH
Other Roads
Railway
Urban Area 1971
Urban Area 2009
Urban Area 2014
Town Boundary & Vacant Land

Fig-3.30

PADRÃO FUNCIONAL DOS CENTROS URBANOS:

Padrão caraterístico da função urbana:

Um forte na margem do rio Brahmaputra, conhecido como Dibrugarh ou Dibrugarh, serviu originalmente de catalisador para a urbanização do distrito de Tinsukia e do distrito de Dibrugarh, tal como existe atualmente. Na margem do Dibru, um afluente do poderoso Brahmaputra, os Ahom ergueram o forte. A atual cidade de Dibrugarh foi fundada pelos britânicos, que também construíram um forte de grandes dimensões nas proximidades. Os comerciantes chegavam de barco ao local da antiga região do forte para efetuar negócios, tendo rapidamente surgido um mercado conhecido como Purana Bazar (mercado antigo). Após a erosão fluvial do Purana Bazar, foi fundado o novo mercado em 1907 (Govt. of Assam, 2007).

Mais tarde, à medida que foram sendo criadas delegações distritais, escolas médicas, sedes e outras instalações, a área residencial britânica foi crescendo. O processo de desenvolvimento urbano moderno começou a espalhar-se lentamente e de forma muito esporádica por toda a região superior de Assam após o estabelecimento de várias opções de transporte, atividade económica e outros factores. Os distritos de Dibrugarh e Tinsukia merecem uma posição distinta, e as capitais urbanas destas áreas têm zonas interiores que circundam o Arunachal Pradesh. O desenvolvimento económico histórico moderno da região (quadro 4.1) é responsável pela crescente urbanização da área.

Tabela-4.1

Distritos de Dibrugarh e Tinsuklia

Inventário temporal e espacial da indústria e das actividades industriais

Ano	Indústria e actividades industriais
1835	Primeiro jardim de chá em Kundilmukh, Sadiya
1840	A indústria do chá desenvolveu-se em Chabua e mais tarde em toda a região
1866	Primeiro poço de petróleo em Margherita
1866	Início da construção da estrada nacional n.º 37 de Assam (1922: início do movimento de passageiros)
1881	A empresa Assam Railway and Trading em Margherita
1881	Indústria de derivados da madeira (serração) em Margherita pela ARTC
1881	Oficina ferroviária em Dibrugarh
1882	Estabelecimento da linha de caminho de ferro Dibru-Sadiya e do transporte por vias navegáveis interiores
1882	Ledo- Campo de Carvão
1884	Jazida de carvão de Margherita
1889	Poço de petróleo Digboi
1890	Indústria de tijolos em Ledo
1893	Pequena refinaria de Digboi da The Assam Railway and Trading Company
1896	Pequena refinaria de Margherita sob a direção de The Assam Railway e Empresa comercial
1897	Minas de carvão de Namdang
1898	Minas de Tirap
1898	Estabelecimento de uma ligação ferroviária com a Assam Bengal Railway (Gauhati a Tinsukia) até aos portos de Chittagong e Calcutá
1901	Refinaria de Digboi da Assam Oil Corporation Ltd.
1904	Minas de Borgolai
1924	Minas de Tipong
1924	Fábrica de contraplacados de Margherita.
1951	Naharkatiya e Namrup Poço de perfuração
1953	Descoberta de gás natural nos campos petrolíferos de Naharkatiya e Moran.
1956	Moran Poço de perfuração
1962	Projeto de oleoduto Oil India
1962	Oil India Ltd Duliajan e perfuração de poços de petróleo
1962	Projeto de energia térmica de Namrup
1969	Projeto de Fertilizantes Namrup
1971	A Assam Petro Chemical Limited, Namrup
1976	Projeto de energia térmica da NEEPCO Kathalguri , Dibrugarh
2007	Projeto de cracker de gás (BCPL) Lapetkata, Dibrugarh (não começou a funcionar)
2014	Parque de plástico em Tinsukia (não começou a funcionar)

Fonte: Boletim informativo do distrito de Lakhimpur, Internet e recolha de dados pessoais

O quadro 4.1 indica que o inventário industrial e as actividades associadas exercem uma influência sobre a urbanização da região. O comércio era um sector de atividade permanente, que se destinava a alguns mercados permanentes, onde as trocas comerciais eram fáceis. Com a expansão gradual da região, as operações comerciais cresceram a tal ponto que, eventualmente, os "serviços", bem como os bens, constituíram uma parte significativa da gama diversificada de actividades económicas dos residentes do distrito. Como resultado, pessoas com diferentes competências deslocaram-se para os distritos, impulsionando o crescimento da região.

Dois dos principais nós funcionais urbanos da região são as cidades de Tinsukia e Dibrugarh. Com base num quadro teórico que observou o padrão de mudança das categorias funcionais das cidades, a categorização foi concluída utilizando dados dos censos efectuados em 1961 e 2011, bem como observações em primeira mão.

Tabela-4.2

Distritos de Dibrugarh e Tinsukia

Mudança do padrão das categorias funcionais dos centros urbanos

Nos	Centros urbanos	1961		2011	
		População total	Categorias funcionais	População total	Categorias funcionais
1	Chabua	2,533	Comércio e indústria	8,788	Comércio e serviços
2	Dibrugarh	58,480	Transporte-Cum-Serviços	1,45,220	Serviços-comércio e comércio-com-transporte
3	Digboi	35,028	Indústria	33,718	Comércio e indústria.
4	Perdição Dooma	8,192	Serviços e comércio, actividades primárias	21,469	Comércio.
5	Duliajan	-	Indústria	29,350	Indústria
6	Makum	-	Comércio e transporte.	16,875	Comércio e comércio- cum-indústria-cum-transportes.
7	Margherita	-	Indústria-comércio e comércio.	26,913	Indústria-comércio e comércio-transporte
8	Naharkatiya	8,877	Serviços, cum-indústria-cum actividades primárias	18,924	Comércio e indústria cum-indústria-cum Actividades primárias
9	Namrup	-	Indústria	15,483	Indústria
10	Tinsukia	28,468	Comércio e serviços	1,15,556	Comércio e indústria e transportes.

Fonte: Com base no relatório do Censo de 1971, 2011 e observação pessoal

Existem centros urbanos nodais nos distritos de Dibrugarh e Tinsukia. A maior parte das suas cidades estavam envolvidas em indústrias terciárias e secundárias. A disposição das redes de trânsito resulta numa distribuição variada destes centros urbanos. De acordo com o recenseamento de 2001,

74% dos trabalhadores dos distritos de Dibrugarh e Tinsukia (para além dos marginais) exercem várias actividades. A agricultura é uma atividade económica importante para 30% da população das zonas urbanas da região, embora não seja considerada uma função urbana. Os trabalhadores da agricultura representam 7% desta população. Em 20 anos, registou-se uma diminuição de 1/3 do número de trabalhadores agrícolas nas cidades. É claro que em muitos centros metropolitanos de classe comparativamente baixa, com menos de 10.000 habitantes, a agricultura continua a emergir como o principal emprego. Apenas 2% dos trabalhadores foram observados a participar em tarefas relacionadas com a produção, manuseamento, manutenção e restauração. A construção, o comércio, os transportes e as comunicações, e o armazenamento são os sectores profissionais mais dominantes, empregando cerca de 61% da mão de obra nestas áreas.

Hierarquias funcionais:

A dimensão da população e a percentagem da população envolvida em "outros serviços" foram utilizadas para construir a hierarquia dos centros urbanos dos distritos de Dibrugarh e Tinsukia. De acordo com o recenseamento de 2001, as pessoas que trabalharam durante mais de seis meses em qualquer atividade económica que não os centros industriais domésticos ou como trabalhadores agrícolas pertencem à categoria de outros serviços. Se mais de 95% da população trabalha noutros serviços, estes são classificados como centros urbanos de primeira ordem; entre 90% e 95% são classificados como centros urbanos de segunda ordem; e entre 85% e 90% são classificados como centros urbanos de terceira ordem. Existem três centros urbanos de primeira ordem, oito de segunda ordem e dois de terceira ordem nos distritos de Dibrugarh e Tinsukia (Quadro 4.3).

Tabela-4.3

Distritos de Dibrugarh e Tinsukia

Hierarquia dos centros urbanos com base na função e na dimensão da população

	Centros de serviço	Total de trabalhadores	Pessoas que exercem outros serviços	% de pessoas que exercem outros serviços	Ordem hierárquica	Hierarquia de acordo com a dimensão funcional da população e da população ativa	Dimensão da população envolvida no comércio
1	Dibrugarh	40,216	37,302	92.75	2	1	1
2	Tinsukia	30,234	27,326	90.38	2	2	2
3	Chabua	8,314	7,537	90.65	2	4	4
4	Naharkatia	5,117	4,640	90.68	2	9	9
5	Duliajan	7,355	7,013	95.35	1	6	5
6	Namrup	5,709	5,475	95.90	1	8	8
7	Perdição	6,463	5,997	92.79	2	7	7

	Dooma						
8	Digboi	11,962	11,307	94.62	2	3	3
9	Makum	5,055	4,318	85.42	3	10	10
10	Magherita	7,491	6,809	90.89	2	5	6
11	Moran	2,097	1,969	93.90	2	12	12
12	Ledo	2,429	2,168	89.25	3	11	11

Fonte: Com base no Censo da Índia de 2001

De um ponto de vista funcional, Namrup, Duliajan e Digboi (cidade petrolífera) são cidades puramente industriais com uma população ligada ao comércio significativamente inferior à das outras cidades. De acordo com as definições do recenseamento, estas cidades pertencem ao primeiro grupo. No entanto, em termos de hierarquia funcional na classificação, o volume da função e a complexidade dos serviços não podem ultrapassar a dimensão da população urbana na ciência urbana. Assim, neste caso, a determinação da hierarquia científica tem em conta o critério da dimensão da população urbana.

Os distritos de Dibrugarh e Tinsukia albergam uma distribuição aleatória de centros de 2.ª ordem, tais como Chabua, Naharkatiya, Doom Dooma, Digboi, Margherita, Moran, etc. As cidades de Dibrugarh e Tinsukia albergam centros de 3ª e 4ª ordem, situados a leste e a sudeste. Dibrugarh e Tinsukia, as cidades-sede de distrito, têm um impacto em todos estes centros urbanos. A concentração dos serviços de utilidade pública e a deslocação da população são caraterísticas destas cidades, mas o comércio e as trocas comerciais sempre pareceram prevalecer sobre os outros serviços para se tornarem centros urbanos segundo a hierarquia urbana. A verdadeira imagem surge e os centros urbanos aparecem na ordem indicada no quadro 4.3, em função da ordem hierárquica destas actividades. Não existe qualquer justificação científica para classificar os centros urbanos em função de um determinado objetivo. Para determinar a verdadeira imagem funcional dos centros urbanos, é necessário ter em conta as actividades comerciais, como o volume de bens e serviços e a dimensão da população comercial.

Dimensão e espaçamento dos centros urbanos:

As interações entre cidades de várias dimensões e o seu espaçamento no ambiente circundante são fascinantes. Estes estudos baseiam-se na ideia de que a relação entre a dimensão e a distribuição espacial das cidades é, de alguma forma, racionalmente ordenada. Acredita-se que existe um grau quantificável de ordem na dimensão e no espaçamento das povoações e que estas não se desenvolvem de forma aleatória ou descuidada. (Wareing &

Knowles, 1976) A Lei da Gravitação Universal de Newton, que afirma que dois lugares (i e j) se atraem mutuamente com uma força proporcional ao produto das suas massas e inversamente proporcional à distância entre eles, está na origem do modelo gravitacional, uma medida da interação entre dois centros urbanos. Isto significa que duas coisas mais próximas se atraem, e quanto maior for o seu tamanho, maior será a força de atração entre elas.
A fórmula seguinte exprime a região e os limites das migrações da população e das interações entre locais:

$$Gij = \frac{Q\ pipj}{Dij}$$

Onde Gij = interação entre (movimento da população, atração potencial) os locais i e j
Pi = população do local i
Dij = Distância entre j e i
Q = Constante
Pj = População do local j
Este é o Modelo Gravitacional na sua versão mais básica. Além disso, podem ser atribuídos pesos adequados às populações dos dois locais, para além de um expoente de *dij*, a fim de avaliar com precisão a interação. O valor potencial em Tinsukia, uma das maiores populações desta região, é muito maior do que o apresentado nos Apêndices 4.1 e 4.2 (fig. 4.1).

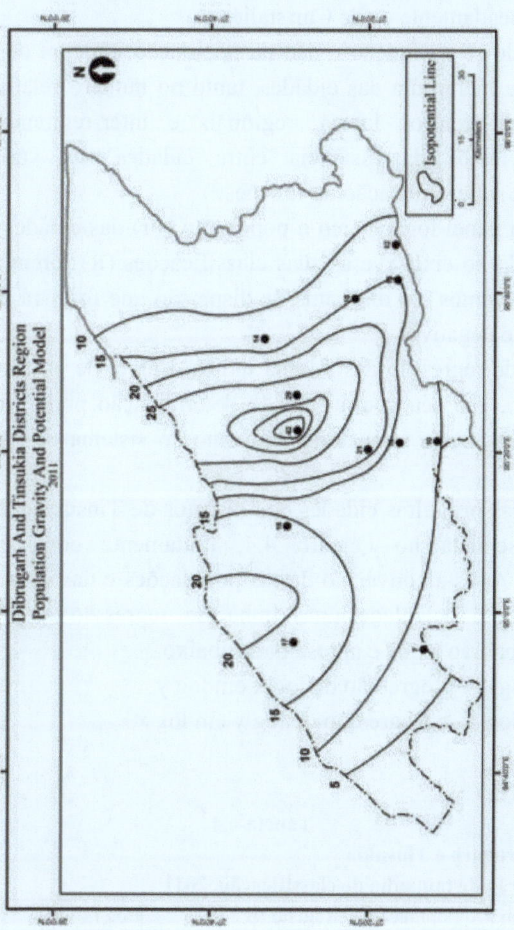

Regra do tamanho da fila:-

A fórmula P1P2) / D = A, em que P1 e P2 representam as populações das duas cidades e D representa a distância entre elas, ajusta-se muito bem à distância entre quaisquer duas cidades próximas da mesma classe de dimensão. A é uma constante para uma dada região. Foi igualmente demonstrado que a distribuição das cidades em função da sua dimensão obedece a um princípio empírico designado por regra de Rank-size. A regularidade da relação acima foi originalmente observada por Zipf (Zipf, 1941) e, mais tarde, por Berry (Berry, 1961). Na versão de Zipf, a regra estabelece que, se todas as cidades de uma região estiverem dispostas em ordem decrescente de população, o tamanho da $r^{ésima}$ cidade 1/r o tamanho da maior cidade de acordo com a série 1, 1/2, 1/3, 1/4 1/r. Trabalhos mais analíticos, nomeadamente os de Christaller e Losch, baseando-se na função e não na população, procura demonstrar uma regularidade na hierarquia das cidades, tanto no número relativo de cidades que servem de centros locais, regionais e inter-regionais, como nos consequentes rácios da distância entre cidades nas várias fases de subordinação e superordenação de funções.

Assim, se num papel logarítmico a população (Pr) das cidades de uma zona for representada no eixo Y e as suas classificações (R) forem representadas no eixo X, obteremos um diagrama de dispersão que formará uma linha reta com um declive negativo.

O coeficiente de regressão desta linha indica o nível de primazia em todo o sistema urbano, e o seu coeficiente de determinação pode ser interpretado como um indicador do grau de ajustamento ao sistema de regularidade de classificação.

A população das primeiras cidades dos distritos de Tinsukia e Dibrugarh em 2011 é apresentada no Quadro 4.4, juntamente com as respectivas classificações. Após a conversão destas populações e das suas classificações em logaritmos, é calculada uma linha de regressão que se ajusta ao procedimento padrão e que é apresentada abaixo.

Logx = a+b logy -> Regressão de log x em log y

Log y = a + b log x -> Regressão de log y em log x

x= fileiras (R)

y= População (Pr)

Tabela-4.4

Distritos de Dibrugarh e Tinsukia

População Relação de tamanho de classificação, 2011

Urbano Centros	Ran kX	População Y	Registo X= x	x^2	LogY = y	y^2	Xy
Dibrugarh	1	1,45,220	0	0	5.1620	26.65	0
Tinsukia	2	1,15,556	.301	.090601	5.0628	25.63	1.524
Digboi	3	43,260	.477	.227529	4.6361	21.49	2.2114
Duliajan	4	29,350	.602	.362404	4.4676	19.96	2.689
Margherit a	5	26,913	.700	.490000	4.4300	19.62	3.101
Perdição Dooma	6	21,469	.778	.6205284	4.3318	18.76	3.370
Naharkatia	7	18,924	.845	.714025	4.2770	18.29	3.614
Makum	8	16,875	.903	.815409	4.2272	17.87	3.817
Namrup	9	15,483	.954	.910116	4.1899	17.56	3.997
Ledo Cidade	10	11,718	1.000	1.000000	4.0689	16.56	4.0689
Chapakho wa	11	10,320	1.041	1.083681	4.0137	16.11	4.178

Chabua	12	8,788	1.079	1.164241	3.9439	15.55	4.255
Moran	13	8,445	1.114	1.240000	3.9266	15.42	4.374

9.794 8.7185344 56.7375 249.47 41.1993

$$b = \frac{\sum xy - \frac{\sum x \sum y}{n}}{\sum x^2 - \frac{(\sum x)^2}{n}}$$

$$= \frac{41.1993 - \frac{9.794X56.7375}{13}}{8.7185344 - \frac{(9.794X9.794)}{13}}$$

$$= \frac{-\ 1.5458596}{1.339885477}$$

$$= -\ 1.15372517$$

$$a = \bar{y} - b\bar{x} = \frac{56.7375}{13} - (-\ 1.15372517)\frac{9.794}{13}$$

$$= 4.364423 + 0.8691988$$

$$= 5.233622$$

Assim, a equação de log y em log x é log y = 5,233622-1,15372517 log x

Em que a= 5,233622 e b = -1,15372517

Para traçar a reta de regressão y sobre x (reta de melhor ajuste), temos a equação linear y=a-bx

Como y=5,234-1,154x

Quando, numa equação de regressão (y = a-bx), se colocam diferentes valores de x, obtêm-se os correspondentes valores estimados de y. Estes valores são também designados por y estimado ou y

O coeficiente de correlação r pode ser determinado do seguinte modo

$$r = \frac{\sum xy - \frac{\sum x \sum y}{N}}{\sqrt{\sum x^2 \frac{(\sum x)^2}{N}} \sqrt{\sum y^2 - \frac{(\sum y)^2}{N}}}$$

$$= \frac{41.1993 - \frac{9.794 \times 56.74}{13}}{\sqrt{8.7185344 - \frac{(9.794)^2}{13}} \quad \sqrt{249.47 - \frac{(56.74)^2}{13}}}$$

$$= \frac{41.1993 - 42.75}{\sqrt{8.7185344 - 7.378649} \times \sqrt{249.47 - 247.6482769}}$$

$$= \frac{-1.5507}{1.56234}$$

$$= -0.9925$$

$$= -99.25\ \%$$

Para determinar t (teste de significância do coeficiente de correlação)

$$t = r\sqrt{\frac{n-2}{1-r^2}}$$

$$t = r\sqrt{\frac{13-2}{1-(-0.99)^2}}$$

$$t = .99\sqrt{\frac{11}{1.98}}$$

$$t = 2.33$$

O coeficiente de determinação desta equação foi de - 0,9925, ou seja, 99,25 % das variações do log Pr são explicadas pelo log R. Trata-se de um nível de explicação muito baixo. Se ' t' for superior ao 't' tabelado, diz-se que o coeficiente de correlação tem um nível de significância de 1% e o coeficiente de correlação populacional entre as duas variáveis, neste caso, não é considerado zero. O resultado mostra que existe uma relação negativa entre a classificação e a dimensão da população.

A equação original, a partir dos valores das constantes acima encontrados, pode ser escrita como $Pr = 171246^{-1.15372517}$ (de acordo com a tabela 4.5)

Utilizando a regra do rank-size, a população das cidades classificadas em primeiro, segundo, terceiro, quarto e quinto lugares, etc., pode ser obtida através da introdução de R=1,2,3,4,5, e assim por diante. Uma vez que nenhum sistema de cidades satisfaz plenamente um critério de tamanho de classificação, a população real das cidades pode diferir destes números previstos. Além disso, um coeficiente de determinação fraco deve resultar numa discrepância significativa entre os valores estimados e os valores reais.

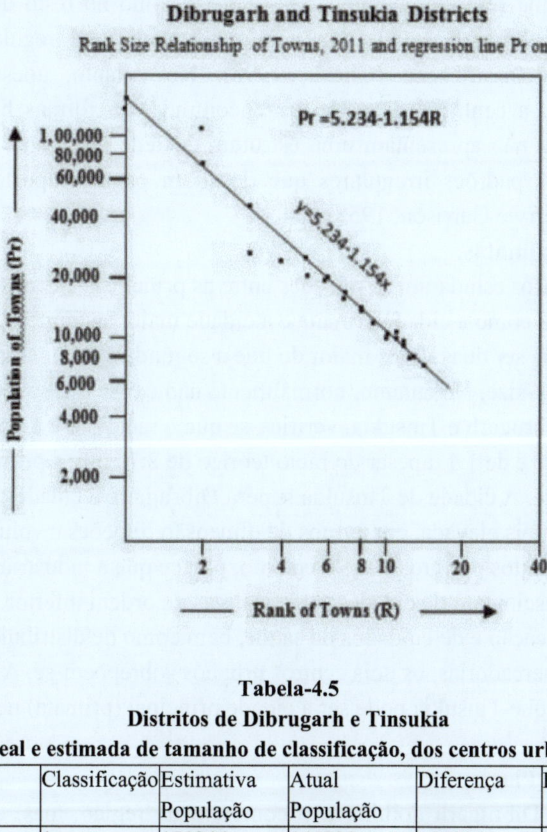

Fig-4.2

Tabela-4.5
Distritos de Dibrugarh e Tinsukia
População real e estimada de tamanho de classificação, dos centros urbanos, 2011

Cidade	Classificação	Estimativa População	Atual População	Diferença	Diferença em %
Dibrugarh	1	171246	145220	+26026	+15.20
Tinsukia	2	76964	115556	-38592	-50.14
Digboi	3	48211	29350	+4951	+10.27
Duliajan	4	34595	26913	+5245	+15.16
Margherita	5	26758	21791	+5289	+19.77
Perdição Dooma	6	21676	21469	+2752	+12.70
Naharkatia	7	18140	18924	+1265	+6.97
Makum	8	15567	16875	+84	+0.54
Namrup	9	13569	15483	+1851	+13.64
LedoTown	10	12017	11927	+299	+2.49
Chapakhowa	11	10770	11718	+450	+4.18

Chabua	12	9741	10320	+953	+9.78
Moran	13	8882	8788	+437	+4.92

As estatísticas efectivas da população são apresentadas no Quadro 4.5 e as variâncias foram calculadas com base nas relações entre as 13 cidades. Os resultados acima referidos demonstram que, tal como no resto da Índia, os distritos de Dibrugarh e Tinsukia não apresentam uma regularidade na dimensão da classificação (Ghosh, 1998). No entanto, apesar da sua irregularidade, a centralidade pode ser encontrada em formas hierárquicas funcionais que não apresentam uma estrutura de rede hexagonal clara, mas contêm alguns padrões irregulares que desafiam os pressupostos teóricos ocidentais (Berry e Garrison, 1958).

Cidade dos Primatas:-

Muitos geógrafos estudaram as relações entre as principais cidades de uma área conhecida como a cidade primata e a cidade maior seguinte. A cidade primata deveria ser duas vezes maior do que a segunda cidade, com base no critério de rank-size. No entanto, normalmente não é esse o caso. Nos distritos de Dibrugarh e Tinsukia, verifica-se que o rácio entre a primeira e a segunda cidade é de 1:1, apesar do rácio teórico de 2:1 entre a primeira e a segunda cidade. A cidade de Tinsukia supera Dibrugarh, a cidade com a classificação mais elevada, em termos de dimensão, funções e volume de comércio (produtos por grosso). No entanto, parece que a industrialização favorece o crescimento de cidades significativas de ordem inferior. Em termos de educação e de cuidados de saúde, bem como de distribuição grossista de mercadorias, os dois centros urbanos sobrepõem-se. A discussão acima mostra que Tinsukia pode ser a cidade principal (primata) neste domínio.

Rede Central Place:-

Antigamente, Dibrugarh dominava o comércio da região, mas, atualmente, Tinsukia destaca-se como o principal centro de comércio de venda total que domina a região e não só. Digboi, Doom Dooma, Margherita, Moran, Makum, Chabua, Naharkatiya, Duliajan e Namrup são outros centros de serviços importantes na área. Quase todas as áreas metropolitanas da região são utilizadas principalmente para o comércio retalhista, com muito pouco ou nenhum comércio grossista. O fornecimento de bens e serviços às populações rurais e urbanas é em grande parte responsável pelo crescimento funcional de tais centros urbanos. Uma vez que o comércio é o aspeto mais significativo dos serviços, a centralidade dos centros de serviços da área de estudo pode ser avaliada em relação às suas actividades comerciais. Estas comunidades (centros de serviços) precisam de ter um mercado estável para além das suas próprias áreas circundantes.

Assim, a centralidade de um lugar pode ser medida pela fórmula

$$dc = \frac{nC}{DC} 100,$$

Onde nC é o número de pessoas dependentes do comércio no centro, DC a população comercial total da região e dc o grau de centralidade. Esta medida foi originalmente formulada por Godlund e posteriormente utilizada, com ligeiras alterações, por Ullman e também por Kashi N. Singh (Bhattacharyya, 1979). Esta medida foi aplicada a todos os centros de mercado importantes e os resultados são apresentados nos quadros seguintes. Verifica-se que não existe uma relação consistente entre a centralidade e a dimensão da população (Quadro 4.6). Talvez o carácter comercial da maioria dos locais centrais não permita uma relação tão consistente.

É igualmente claro que alguns centros urbanos são auto-suficientes, enquanto outros têm uma classificação inferior a 1 (Quadro 4.7). Foram identificados 5 tipos de centros de serviços. As sedes dos distritos de Dibrugarh e Tinsukia estão classificadas por si próprias. A sua posição é superior à das cidades da região, com uma centralidade de 20,79 e 17,64, respetivamente.

Tabela -4.6

Distritos de Dibrugarh e Tinsukia, 1991 <u>Centralidade dos centros urbanos</u>

Nome dos centros de serviços	População	Comercial População	Centralidade
Dibrugarh	120127	10895	20.79
Chabua	6104	797	1.52
Duliajan	17017	270	0.51
Naharkatia	15052	1599	3.05
Namrup	19740	770	1.46
Cidade de Moran	3987	439	0.83
Tinsukia	73918	9248	17.64
Doom Dooma	15121	2339	4.46
Digboi	35933	2081	3.97
Makum	11993	868	1.65
Margherita	21709	2009	3.83
Distritos de Dibrugarh e Tinsukia Região	TOTAL	52397	
Fonte: Com base no recenseamento de Ind	lia,1991		

De referir que Margherita, a sede da sub-divisão, não foi seguida. À semelhança de Naharkatia e Digboi, este centro urbano é classificado como centro intermédio de terceiro grau. Aqui, o centro de ordem superior é identificado como Doom Dooma. Os centros de ordem inferior incluem Chabua, Namrup e Makum. Os outros três sub-centros são menos especializados e não dispõem de serviços centrais. Embora a centralidade, neste caso, dependa da população total, Tinsukia terá uma maior centralidade em termos do estatuto de centro comercial porque 12,5% da população (ou seja, a percentagem da população comercial em relação à população total do centro) está envolvida em actividades comerciais, em comparação com apenas 9,1% da população que está envolvida em actividades comerciais que comandam o comércio em toda a região oriental do nordeste da Índia.

Tabela -4.7

Distritos de Dibrugarh e Tinsukia

Centralidade para diferentes graus de lugares centrais

Graus de lugares centrais		Centralidade
1.	Sub-centros.	0.1-1
2.	Centros de ordem inferior	1-2
3.	Centros intermédios	2-4
4.	Centros de ordem superior	4-12
5.	Sede distrital.	12-24

Em resumo, o desenvolvimento do distrito e a distribuição dos vários tipos de centros de serviços não são uniformes. Os subcentros distam normalmente entre si entre 3 e 35 quilómetros. A distância entre os centros de ordem intermédia e inferior é de 20-46 quilómetros, enquanto o centro de ordem superior dista cerca de 30 quilómetros.

Análise da vizinhança mais próxima:-

Diferentes factores influenciam a forma como os padrões de povoamento evoluem em diferentes regiões, conduzindo a diferentes padrões na distribuição espacial dos povoamentos. A avaliação mais científica da caraterização dos padrões de povoamento com a utilização do índice do vizinho mais próximo ou estatísticas do vizinho mais próximo (NNS) suplantou a avaliação visual tradicional dos padrões como esparsos, dispersos, aglomerados ou densos (Apêndice 4.3). A distribuição espacial dos aglomerados urbanos nos distritos de Dibrugarh e Tinsukia aproxima-se de um padrão de aglomeração após a aplicação da estatística do vizinho mais próximo, tal como indicado pelo valor de R, que apenas mostra um nível de significância de 0,1%, em que o valor de R se situa entre 0 e 1, aproximando-se do padrão de aglomeração da distribuição (Fig. 4.3).

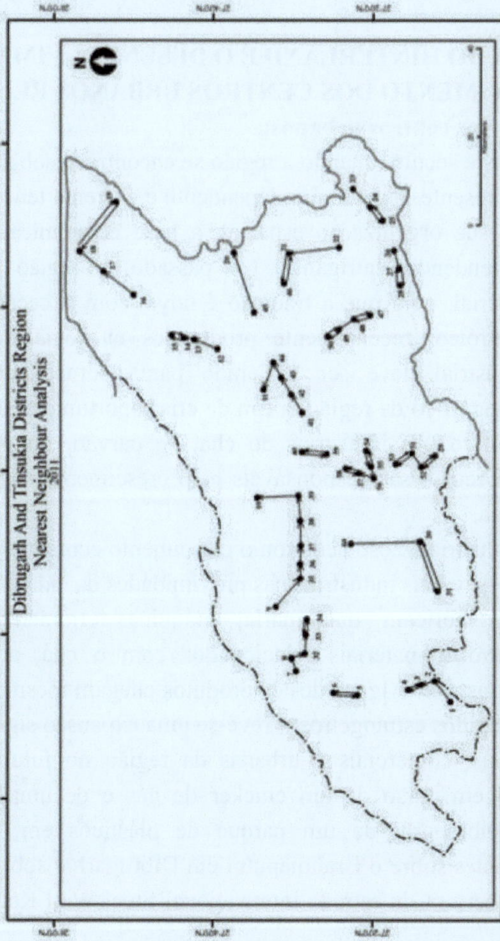
Dibrugarh And Tinsukia Districts Region
Nearest Neighbour Analysis
2011

Fig-4.3

A NATUREZA DO HINTERLAND E O DESENVOLVIMENTO DOS DESENVOLVIMENTO DOS CENTROS URBANOS REGIONAIS:

Base económica dos centros urbanos:

Desde o início deste século, quando a região se encontrava sob administração colonial, até ao presente, quando é independente e enfrenta tensões e tensões significativas na sua organização espacial, a base económica do território apresenta uma tendência intrigante. No passado, a região tinha pouco património industrial, pelo que a tradição é nova, com exceção do chá, do carvão e do petróleo, recentemente produzidos na região. O ritmo de crescimento industrial deve ser acelerado para acompanhar o elevado crescimento demográfico da região, a fim de criar oportunidades de emprego suficientes no futuro. As indústrias do chá, do carvão, do petróleo e do contraplacado da região são responsáveis pelo crescimento da conetividade ferroviária na zona.

O processo de industrialização acelerou o crescimento económico, resultando no aparecimento de várias indústrias nas proximidades da cidade de Tinsukia. Estas indústrias fabricam maquinaria, máquinas-ferramentas e peças, aparelhos de ferro e materiais relacionados com o chá, a indústria, a construção de casas, etc. Alguns destes produtos chegam mesmo a encontrar um lugar nos mercados estrangeiros. Prevê-se uma expansão significativa das funções industriais, comerciais e urbanas da região no futuro devido ao desenvolvimento em curso de um cracker de gás e de uma indústria de polímeros em Dibrugarh, de um parque de plásticos em Tinsukia, da construção de pontes sobre o Brahmaputra em Dibrugarh e sobre o Lohit em Saikhowa e da abertura da estrada internacional Steel Well Road que liga o Sudeste Asiático.

Tabela-5.1

Distritos de Dibrugarh e Tinsukia Proposta de criação de zonas industriais, 2011

Nome das zonas industriais	Área total do terreno	Nome da zona industrial
1. Zona industrial	246566,9 metros quadrados	Tinsukia, Doom Dooma, Lahowal
2. zona industrial	593080 Metros quadrados	Buraburi, Sadiya, Beheating
3. Parque industrial de transformação de produtos alimentares	169765 Metros quadrados	Ulup Pathar
4. projeto de desenvolvimento integrado de infra-estruturas	143995 metros quadrados	Parbotpur
5. Mini Parque Industrial	5331 Metrs	Moran
6. Centros de crescimento	33804 metros quadrados	Talap, Duliajan

7. Comércio fronteiriço	38 Bigha	Jagun
8. Parque de plástico	1500 Bigha	Gelapukhuri

Fonte: - Direção de Economia e Estatística, 2012, Assam

Tinsukia está a tornar-se um importante centro de comércio, negócios e transportes na região. Mais uma vez, esta zona inclui Digboi, a primeira cidade industrial de toda a região nordeste. Rica em recursos florestais e minerais (carvão e petróleo), só esta zona urbana alberga 45,80% das principais unidades industriais do Estado e 24,14% das suas unidades SSI. Além disso, é a principal região produtora de chá do estado e do país. Vale ressaltar que essa área produz mais de 60% do chá consumido no estado. Consequentemente, isto mostra que existe uma grande possibilidade de crescimento económico futuro na zona. Sendo a cidade médica mais antiga do nordeste da Índia, possui também um enorme potencial para o desenvolvimento de serviços médicos especializados no futuro, o que contribuiria significativamente para a expansão urbana da região. Sendo a cidade médica mais antiga do nordeste da Índia, possui também um enorme potencial para o desenvolvimento de serviços médicos especializados no futuro, o que contribuiria significativamente para a expansão urbana da região.

Caraterísticas do Centro Urbano Regiões Envolventes:

Vários académicos identificaram termos alternativos para a região circundante que está funcionalmente ligada a um centro urbano. Entre eles, podemos citar: hinterland urbano, umland, área de captação, área tributária, área de serviço, região da cidade, campo urbano, etc. Estas zonas adjacentes são servidas por vilas ou cidades. Assim, cada aglomerado urbano funciona em conjunto com os seus arredores, que fornecem à cidade mão de obra, leite, legumes, frutas, forragens, cereais e outros recursos. As áreas circundantes são os mercados de um centro urbano com relações de apoio mútuo e alimentação.

Os distritos de Dibrugarh e Tinsukia estão essencialmente separados em duas zonas interiores para os dois principais centros urbanos de Tinsukia e Dibrugarh, onde o comércio de bens e serviços alarga a sua influência e proporciona benefícios diretos e indirectos. As zonas do interior da região são apoiadas pelo seu fornecimento de carvão, petróleo, chá, produtos agrícolas, materiais de construção para casas, estudantes e recursos humanos, trabalhadores industriais e um mercado para as zonas urbanas. O sertão fornece aos centros urbanos locais uma variedade de artigos, incluindo legumes, leite, frutas, marisco, artigos para o lar, artesanato e subprodutos industriais. Atualmente, a população rural e semi-urbana dos jardins depende dos produtos e serviços fornecidos pelos centros urbanos locais ou distantes para manter a sua independência.

Natureza das actividades de influência:

Para além da extração de carvão e petróleo, a região alberga numerosos recursos de chá, florestais e agrícolas, bem como instalações fabris, terciárias e de chá. Para além da atividade industrial relacionada, algumas actividades económicas significativas incluem a produção de produtos petroquímicos, a extração de carvão e a perfuração de petróleo bruto. As novas iniciativas industriais têm recebido apoio financeiro do sector bancário. As pequenas empresas têm muitas oportunidades de emprego. A área é rica em recursos florestais, que foram particularmente úteis na produção de contraplacado, caixas de chá, painéis duros, portas de correr e outros artigos. Além disso, eram necessárias várias madeiras para a produção de travessas de caminho de ferro, bem como madeiras para a construção civil e mobiliário. Atualmente, por razões ecológicas, é proibido abater árvores e vender a madeira.

As terras agrícolas são menos afectadas pela industrialização, que também aumenta o emprego produtivo, fornece à população produtos acabados essenciais a preços acessíveis e incentiva as exportações. Consequentemente, esta localização tem um enorme impacto nas áreas circundantes através de uma variedade de actividades que abrem um potencial incrível para o desenvolvimento futuro.

Campos urbanos: Limites Administrativos, Formas e Tamanhos, Relações de Campo e Delimitações de Campos Urbanos:

Diversos académicos têm utilizado critérios distintos para demarcar os campos urbanos. Os geógrafos alemães e escandinavos têm usado extensivamente o termo "umland", enquanto o termo "hinterland" é frequentemente usado para se referir à área de serviço de um porto. Como indicado anteriormente, outras palavras incluem "esfera de influência", "zona de influência", "área de captação", "área tributária" e "campo urbano". A última frase é, sem dúvida, a mais utilizada atualmente. Segundo Knowles e Wareing (1976), o termo "cidade-região" é normalmente utilizado para designar uma situação comparável, mas de âmbito muito maior. Algumas das variáveis utilizadas pelos estudiosos ocidentais para a demarcação da umland das cidades indianas não podem ser tidas em consideração devido às variações socioeconómicas e culturais.

Para definir a umlândia de uma zona urbana, os estudiosos indianos escolheram geralmente índices de áreas como a oferta de leite, legumes, cereais alimentares, mão de obra, serviço de autocarros, educação, assistência médica, circulação de jornais, áreas administrativas, etc. A disponibilidade de leite, legumes, cereais, forragens, mão de obra, serviços de transporte, serviços agrícolas, cuidados de saúde, educação e outros serviços são alguns dos factores utilizados na região dos distritos de Dibrugarh e Tinsukia para definir os limites de uma zona urbana.

Foi desenvolvido um método para determinar em que medida a forma de uma cidade se assemelha a um círculo, com base no pressuposto de que os limites de uma área urbana podem assemelhar-se a um círculo (Christeller, 1933) e no conhecimento de que tal figura tem algumas propriedades geométricas relativamente simples (Gibbs, 1966). Uma vez que mantém a menor distância possível do centro da cidade em todas as direcções, uma cidade ou um campo urbano com a forma de um círculo é geralmente mais prático para todas as actividades funcionais. Em 1966, J.P. Gibbs desenvolveu uma técnica de identificação da forma em para examinar o seu comportamento e as implicações daí resultantes para o crescimento funcional da cidade.

A sua fórmula para este efeito é

$$Mc = \frac{100XAa}{3.1416 X (Dp/2)2}$$

Onde, Mc- uma medida da circularidade da forma.

Ac- uma área real do centro urbano

Dp-distância entre os dois pontos mais distantes na fronteira do centro

O quadro seguinte mostra os resultados, quando aplicados a todas as principais cidades da região dos distritos de Dibrugarh e Tinsukia, da medida de circularidade na forma dos centros urbanos.

Segundo Baransky (1981), as cidades e as vilas são entidades dinâmicas, criativas e organizadoras. As acções que influenciam os centros urbanos resultam de uma série de papéis políticos, sociais, culturais e económicos. Engloba uma variedade de comportamentos humanos que podem alterar-se em resposta aos avanços nas redes de comunicação e na tecnologia. Cada função tem ramificações e uma esfera de efeito distinta.

A região dos distritos de Tinsukia e Dibrugarh é um tesouro de recursos mineiros. Quarenta por cento dos trabalhadores fabris assamenses residem nesta região, que também produz quarenta por cento da produção industrial do Estado. O complexo petroquímico de Assam em Namrup, a fábrica de adubos, a central térmica a gás e a refinaria de petróleo em Digboi são os principais exemplos.

Quadro -5.2

Distritos de Dibrugarh e Tinsukia

Medidas de circularidade nas formas das grandes cidades 2014

	Cidades	Superfícies das cidades em k.m^2 (Aa)	Distância entre dois Pontos mais distantes da periferia da cidade (Dp) em kms	Medida de circularidade (Mc)
1	Namrup	5.22	5.2	24.58
2	Chabua	0.94	5.5	4.00
3	Dibrugarh	15.59	5.5	65.24
4	Naharkatia	5.30	5.1	26.00
5	Moran	4.00	5.0	20.37
6	Duliajan	2.11	4.5	13.27
7	Tinsukia	10.54	6.5	31.77
8	Perdição Dooma	4.30	5.4	18.78
9	Makum	3.68	7.5	8.33
10	Margherita	4.70	7.8	9.84
11	Digboi	17.47	6.5	52.6

$$(Mc = \frac{100XAa}{3{,}1416 \ X \ (Dp/2)^2}$$

Distritos de Dibrugarh e Tinsukia
Limites administrativos das principais cidades

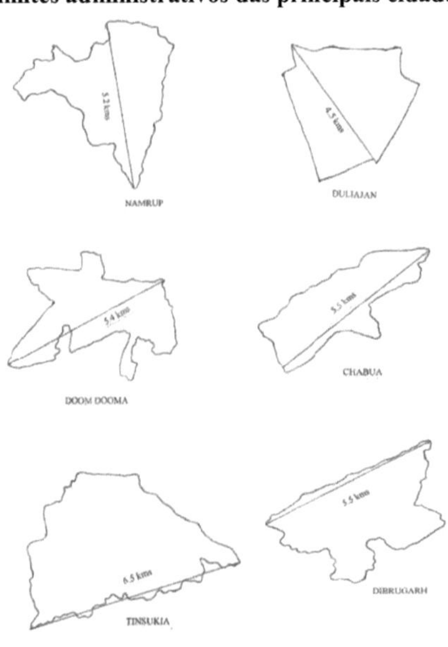

Distritos de Dibrugarh e Tinsukia
Limites administrativos das principais cidades

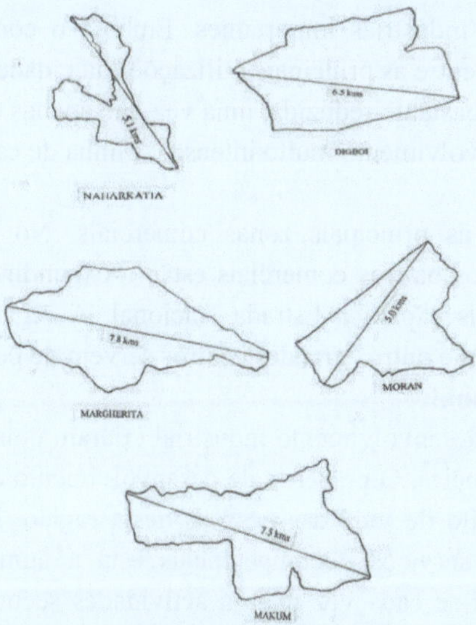

Fig-5.1
Fontes: Diretório Municipal e trabalho pessoal

Gibbs afirma que a forma se desvia da forma ideal de um círculo quando o valor Mc é inferior a 50%. Com exceção de Dibrugarh e Digboi, todas as cidades do quadro apresentam valores Mc inferiores a 50%. A conceção das cidades afasta-se consideravelmente da forma ideal devido às suas expansões de área, que não são planificadas. A cidade de Tinsukia alcançou uma forma quase ideal, o que é bom para as funções. As actuais regiões centrais da cidade não estão posicionadas centralmente, pelo que não podem servir adequadamente toda a área da cidade. Consequentemente, é muito provável que, no futuro, venha a ser construído um centro urbano secundário noutro local da área do plano diretor. O modelo deve ajudar a autoridade de planeamento a garantir o desenvolvimento adequado das cidades.

Impacto no desenvolvimento regional:

Comércio:

A zona mais antiga da região é o Purana Bazar da cidade de Dibrugarh, ou "mercado antigo", que tem servido de centro de comércio para a zona desde a sua fundação. É nesta zona que se concentra a maior parte do comércio. O Purana Bazar foi erodido pelo rio Brahmaputra, o que levou à criação do atual mercado em 1907. Ao longo da rota principal, a atividade comercial estendeu-se a partir deste ponto. Tinsukia é o ponto de entrada para o Arunachal Pradesh e para o Alto Assam. A cidade foi construída à entrada do caminho de ferro principalmente como um centro de comércio e de toda a região oriental. Para além de ser um centro de comércio e negócios, Tinsukia alberga numerosas indústrias importantes. Embora o comércio e as trocas comerciais estejam entre as principais utilizações da cidade, a área dedicada a estas actividades é bastante reduzida, uma vez que apenas a região central foi objeto de um desenvolvimento muito intenso. A linha de caminho de ferro e a A.T.

Road tornaram-se as principais zonas comerciais. No entanto, devido à crescente procura, os bairros comerciais estão a expandir-se para as regiões vizinhas residenciais e para a Estrada Nacional. A região está a florescer como um todo, porque outros grandes centros servem de pólos de comércio.

Mudança profissional:

A urbanização e o desenvolvimento industrial criaram uma procura de vários serviços e competências. O processo de desenvolvimento da região conduziu a alterações no estilo de vida das pessoas desta região. De dia para dia, a procura de novos serviços e competências está a aumentar. As pessoas começam a dedicar-se cada vez mais a actividades secundárias e terciárias (quadro 5.3 e figura 5.3). Mais de 60% das pessoas da área da cidade estão envolvidas em actividades terciárias na região. Com o aumento do nível de vida, são necessárias mais infra-estruturas e equipamentos sociais e económicos, o comércio aumenta e as indústrias terciárias e quaternárias crescem. Pela sua própria natureza, um grande número destes serviços - que incluem compras, entretenimento e administração centralizada - tende a ser centralizado nas cidades. As zonas urbanas da região expandem-se progressivamente devido à crescente necessidade de serviços, que atrai um número cada vez maior de pessoas.

Quadro -5.3

Distritos de Dibrugarh e Tinsukia

Mudança de Ocupação nos Centros Urbanos, 1971- 2011

Urbano Centros	1971				2011			
	Agricultura Setor		Não agrícola Setor		Agricultura Setor		Não agrícola Setor	
	Total	Pop^n%	Total	População %	Total	População %	Total	População %
Dibrugarh	691	2.81	23934	97.19	392	0.83	46679	99.2
Chabua	103	2.65	3785	97.35	35	1.32	2615	98.7
Duliajan	29	0.54	5337	99.46	38	0.43	8806	99.6
Naharkatia	740	22.18	2596	77.82	133	2.18	5954	97.8
Namrup	13	0.38	3359	99.61	503	10.02	4515	90.0
Doomdooma	563	12.59	3214	87.41	50	0.80	6180	99.2
Makum	203	11.02	1639	88.98	108	2.29	4616	97.7
Tinsukia	713	3.69	18601	96.31	353	0.90	38689	99.1
Digboi	376	4.67	7781	95.33	76	0.64	10952	99.4
Margherita	159	6.12	2437	93.88	64	0.79	7983	99.2

Fonte: Com base no Censo da Índia de 1971, Diretório das Cidades de 2011, Assam (Pop^n População)

Distritos de Dibrugarh e Tinsukia

Mudança da ocupação nos centros urbanos, 1971-2011

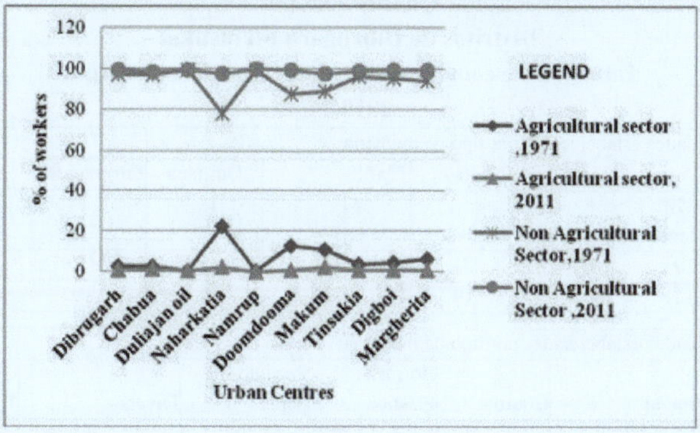

Fig. 5.2

Geração e utilização de recursos:

As indústrias geradoras de recursos e de emprego da região incluem os sectores do carvão, do petróleo, do chá, do gás natural, dos fertilizantes, da petroquímica, da energia térmica e da madeira (Quadro 5.4 e 5.5 (a) e 5.5 (b)).

Tabela-5.4

Distritos de Dibrugarh e Tinsukia

Crescimento das indústrias de pequena escala

Número total de registos na Direção das Indústrias e do Comércio

Assam

1997-2008

Ano ->	1997	1998	1999	2001	2002	2003	2004	2005	2006	2007	2008
Dibrugarh	3501	3850	3988	4354	4533	4758	4877	5075	5216	5307	5429
Tinsuki a	881	1077	1131	1257	1340	1506	1656	1807	1953	2025	2124

Fonte: Direção de Economia e Estatística, ASSAM

Quadro -5.5 (a)

Distritos de Dibrugarh e Tinsukia

Número de indústrias e comércio registados

Novas adições durante o ano de 2010-11

Número de indústrias e comércio registados				
Distritos	Micro	Pequeno	Médio	Total
Tinsukia	80	18	0	98
Dibrugarh	87	4	0	91
Número de Trabalhadores Indústrias e Comércio 2010-11				
Distritos	Micro	Pequeno	Médio	Total
Tinsukia	505	409	0	914

Dibrugarh	532	45	0	577

Fonte: Direção de Economia e Estatística, ASSAM

Quadro -5.5 (b)
Distritos de Dibrugarh e Tinsukia
Indústrias e comércio registados de diferentes tipos
2010-11

Número de unidades estabelecidas por tipo de indústria:												
Distritos	Agro		Floresta		Têxtil		Química		Engenharia		Eletrónico	
	1ª tentativa	Trabalhar	I	W	I	W	I	W	I	W	I	W
Tinsukia	19	187	5	24	10	164	2	19	25	267	2	10
Dibrugarh	12	69	1	10	31	124	1	4	17	97	4	19

Número de unidades estabelecidas por tipo de indústria:												
Distritos	Mineral		Couro		Borracha Plástico		Produtos de papel		Diversos		Total	
	1	W	I	W	I	W	I	W	I	W	I	W
Tinsukia	25	173	0	0	5	31	0	0	5	39	98	914
Dibrugar h	6	94	0	0	0	0	4	64	15	96	91	577

Fonte: Direção de Economia e Estatística, ASSAM

Entre 1971 e 2014, os distritos de Dibrugarh e Tinsukia registaram alterações nos padrões de utilização e ocupação do solo devido ao crescimento populacional e industrial. Estas alterações incluíram mudanças nas terras agrícolas, zonas de povoamento, cobertura florestal, zonas de jardins de chá, zonas ribeirinhas, terrenos abertos, etc. (fig-5.3a e 5.3 b).

Desenvolvimento de redes de transportes e de comunicações:

(a) Transportes rodoviários: Esta região está ligada a oeste por Sibsagar, Jorhat, Golaghat, Nagaon e Guwahati; a leste por Chabua, Tinsukia, Digboi, Ledo, Duliajan, Naharkatia, Namrup, Sonari, etc.; e a nordeste por Saikhowa, Chapakhowa, Roing, Tezu, Changlang e Khonsa através de serviços de autocarros públicos e privados. Além disso, os camiões e os táxis são essenciais para o transporte de pessoas e produtos para dentro e para fora da região. A densidade rodoviária da região é de 0,5 km/km^{A}2, com 3503 km de extensão total de estradas (Tabela 5.6).

Dibrugarh and Tinsukia Districts Region
Changing Pattern of Land use and Land Cover
1971
N
LEGEND
State Boundary
District Boundary
Settlement
Agriculture
Open Land
River
Sand
Forest
Vegetation
Grass
Tea Garden
Source: SOI Toposheet 1971

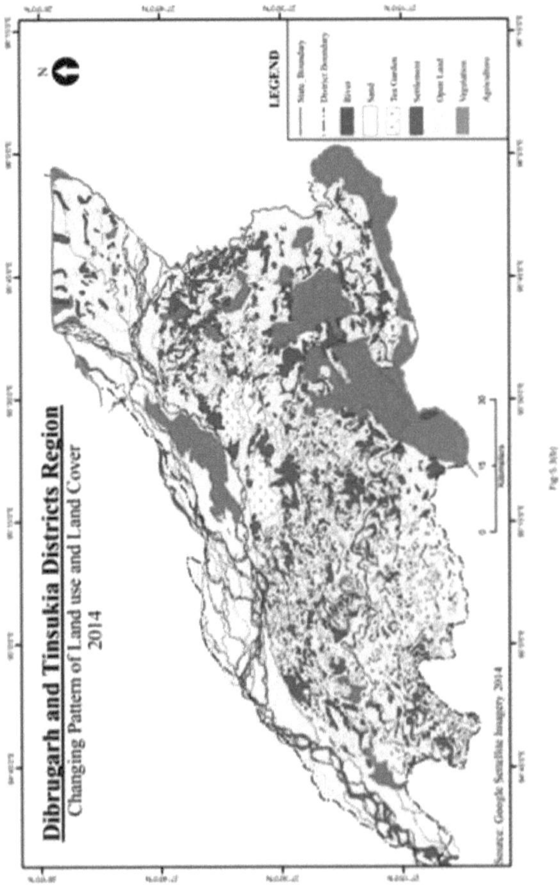

Tabela-5.6

Distritos de Dibrugarh e Tinsukia Comprimento das estradas (em k.m) 2012

	Tipo de estrada	Comprimento	Auto-estradas nacionais			Estrada P.W.D		
			Abaixo de Construção	Superfície	Total	Topo preto	De barro Cascalho	Total
1	Estado Autoestrada	218	92.857	214.379	306.620	1771	1732	3503
2	Estrada do distrito principal	334						
3	Estrada rural	2836						
4	Estrada urbana	115						
	Total	3503						

Fonte: Direção de Economia e Estatística, ASSAM

Com exceção de alguns itinerários principais, a maior parte da rede rodoviária da cidade de Tinsukia desenvolve-se de forma natural, mesmo sem se pensar na hierarquia. Para além da geometria incorrecta, a manutenção inadequada resultou numa qualidade de serviço extremamente baixa. As estradas da cidade de Dibrugarh estão bem construídas, são suaves e têm iluminação pública. No entanto, a capacidade rodoviária da cidade está a esgotar-se devido ao rápido crescimento do número de veículos particulares e comerciais. Na cidade, existem apenas duas pontes. A construção de estradas municipais é feita em betão, uma vez que algumas zonas da cidade são regularmente inundadas por tempestades durante a estação das monções, que ocorre principalmente em junho, julho e agosto. Há mais de cinquenta anos, em 1956, Dibrugarh tem a fama de ter sido a primeira cidade do Nordeste a iniciar o serviço de autocarros urbanos. Até meados da década de 1990, os autocarros urbanos e os riquexós eram os principais meios de transporte urbano. Mais tarde, foram criados veículos de três rodas, como o "Vikram", o "Minidor", o "Champion" e outros, que começaram a suplantar o serviço de autocarros urbanos como meio de transporte urbano.

Existem três terminais de autocarros em Dibrugarh: o terminal de autocarros AMCH em Borbari, perto da entrada do AMCH; o terminal de autocarros ASTC em Chowkidingee; e o terminal de autocarros Muralidhar Jalan em Malakhubasa. Os veículos de luxo, como os autocarros Volvo, são acessíveis para viagens interurbanas entre as principais localidades de Assam e outros Estados vizinhos numa base regular. A Autoridade Rodoviária Nacional da Índia está a sugerir que, após a conclusão da ponte Bogibeel, Dibrugarh se torne um centro NAHI. A N H-37 liga Dibrugarh ao resto da Índia. Após a conclusão da ponte de Bogibeel, a NH 52- (B) ligá-la-á à margem norte do Brahmaputra. Está a ser construído um novo desvio para facilitar o fluxo de tráfego nas imediações da cidade de Jameera. Ao longo da NH-37, foi também construído um novo viaduto sobre a linha férrea Dibrugarh-Moran, recentemente alargada, que fica perto da Universidade de Dibrugarh.

(b) Transportes por água:- Na sequência da erosão significativa das margens e da sedimentação no leito do rio Brahmaputra, o serviço de barcos a vapor foi interrompido. Atualmente, apenas um pequeno número de barcos-máquina está em uso, transportando carga e passageiros de e para a margem norte do Brahmaputra. Além disso, Dibrugarh dispõe de uma sofisticada rede de trânsito fluvial, denominada National Waterway-2, que vai desde a fronteira com o Bangladesh até Sadiya, tanto ao lado como sobre o rio Brahmaputra. Dibrugarh está ligada a Sengajan (distrito de Dhemaji), Panbari (Dhemaji) e Oiram Ghat (perto de Jonai Dhemaji) através de serviços de ferry. A partir de Bogibeel IWT Ghat, há serviços regulares de ferry para Kareng Chapori e Sisi Mukh. Além disso, existem serviços de cruzeiros de luxo de Dibrugarh para Guwahati.

O Parque Nacional de Kaziranga e Tezpur são visitados durante a viagem até Dibrugarh.

(c) Transporte ferroviário:- As duas estações ferroviárias da cidade, Dibrugarh Town e Dibrugarh, são também as duas estações ferroviárias mais orientais no mapa dos caminhos-de-ferro indianos, que ligam algumas cidades indianas importantes, incluindo Bengaluru, Chennai, Kochi, Quilon, Trivandrum, Calcutá, Deli, Kanyakumari, etc., através da rede ferroviária. Na periferia da cidade de Banipur encontra-se a estação ferroviária de Nova Deli. Com dois quilómetros de comprimento, é a maior estação ferroviária de todo o Nordeste, ocupando uma área de 400 bighas. Está também a ser criado um hangar para camiões com capacidade para 25 camiões de cada vez, bem como um parque de mercadorias para carga e descarga de mercadorias. Além disso, o Rajdhani Express começa e termina todos os dias em Dibrugarh, tornando-a a única cidade não-capital da Índia. Todas as semanas, vinte comboios Rajdhani Express - dez de Dibrugarh e dez de Nova Deli - ligam a capital do Estado a Dibrugarh. Além disso, o expresso Vivek, assim designado em homenagem a Swami Vivekananda, é atualmente o serviço ferroviário mais longo da Índia, percorrendo 4278 quilómetros em cinco dias para ligar Dibrugarh a Kanyakumari. O Dibrugarh Rajdhani Express, o Kamrup Express, o Brahmaputra Mail, o Dibrugarh-Chennai Egmore Express, o Amritsar-Dibrugarh Express, o Chandigarh-Dibrugarh Express, o Dibrugarh - Kolkata Superfast Express e o Vivek Express são alguns dos comboios notáveis que partem de Dibrugarh.

A ponte de Bogibeel, uma construção maciça de 5 quilómetros situada a 17 km de Dibrugarh, está a ser construída a um custo de 32,30 mil milhões de rupias, superior à estimativa inicial de 17,67 mil milhões de rupias. Com uma autoestrada de quatro faixas no tabuleiro superior e uma linha ferroviária de via dupla de bitola larga no tabuleiro inferior, a ponte será uma tábua de salvação para a região, uma vez que estabelecerá um ponto crucial de travessia do Brahmaputra no vale do Alto Assam. A ponte ajudará imediatamente a cidade de Dibrugarh, permitindo-lhe transformar a sua estação ferroviária na maior da região.

(d) Transporte aéreo:-

O único aeroporto é o Aeroporto de Mohanbari, que fica a cerca de 15 km de Dibrugarh. A Air India, a IndiGo, a Jet Air e a Pawan Hans Ltd. são algumas das companhias aéreas que utilizam o aeroporto. Todos os dias, a IndiGo

Airlines liga Dibrugarh a Deli via Calcutá. No regresso, a companhia aérea faz uma paragem sem escalas em Deli, via Guwahati. Todos os dias, a Jet Airways utiliza Guwahati para ligar Dibrugarh a Deli. Juntamente com Guwahati e Agartala, a Autoridade dos Aeroportos da Índia tenciona estabelecer o aeroporto de Mohanbari como um centro de aviação para o nordeste. O aeroporto de Dibrugarh recebeu uma capacidade de aterragem nocturna em 2013. Neste aeroporto, as operações de aerobridge também começaram a ser lucrativas. Depois de Guwahati e Calcutá, o aeroporto de Dibrugarh é o terceiro aeroporto da Índia Oriental onde os passageiros podem embarcar e desembarcar dos seus aviões através de pontes aéreas.

Mudança cultural:

O primeiro passo para compreender os povos indígenas é compreender a mudança cultural e a distinção entre uma cultura estática e uma cultura fluida (Warry, 2007). Como as culturas são flexíveis e efémeras, mudam ao longo do tempo e transformam-se umas nas outras. A urbanização na região dos distritos de Dibrugarh e Tinsukia afecta não só os aspectos materiais e socioeconómicos da sociedade, mas também os domínios mentais e de atitude dos indivíduos. A urbanização provocou mudanças nas atitudes comerciais, nas técnicas agrícolas e nos métodos de subsistência. costumes alimentares e de vestuário, design de casas, electrodomésticos, fontes de energia, modos de transporte e comunicação, cuidados de saúde e medicina e muitos outros aspectos da cultura material da região. Da mesma forma, com o passar do tempo e o desenvolvimento de uma população diversificada nesta área, novos desportos e jogos, música, estruturas políticas e económicas, urbanização e educação juntaram-se ao domínio da cultura não material.

Desenvolvimento da literacia:

Existem atualmente 62 escolas públicas de ensino secundário na cidade de Dibrugarh. Juntamente com alguns estabelecimentos privados, existem 30 escolas secundárias e 4 escolas superiores. Para além de várias instituições privadas, a zona alberga cinco colégios regulares. No nordeste da cidade, encontra-se o Assam Medical College, que está rodeado por belas plantações de chá. A cidade alberga seis institutos profissionais, duas faculdades de direito e duas instituições farmacêuticas. A Universidade de Dibrugarh situa-se fora dos limites da cidade e foi fundada em 1965.

Não existe um ambiente propício à aprendizagem em Tinsukia. A quantidade de estabelecimentos de ensino é limitada. Existem apenas 50 estabelecimentos de ensino no total, dos quais 13 são escolas secundárias e 21 são escolas primárias. Até 1960, havia apenas um colégio e seis escolas secundárias. No entanto, nos últimos 20 anos, foram abertos quatro novos colégios e seis novos liceus. Para além destas, existe apenas uma escola técnica (Instituto de Formação Industrial). É evidente como as instituições de ensino e os padrões de literacia estão a evoluir em toda a região (Tabelas 5.7, 5.8 e 5.9).

A maioria dos estabelecimentos de ensino situa-se na cidade. As escolas primárias e secundárias constituem uma percentagem maior de todas as instituições de ensino do que o ensino superior. Nos últimos anos, abriu um pequeno número de escolas privadas de ensino médio em inglês que oferecem ensino nos níveis primário, secundário e superior.

Tabela-5.7

Distritos de Dibrugarh e Tinsukia

N.º de estabelecimentos de ensino, 2001-2012

Instituição	2001-2002			2004-2005			2007-2008			2011-2012		
	Dibru	Lata	Total	Dibru	Lata	Total	Dib ru	Lata	Total	Dib ru	Lata	Total
Pré-primária	12	5	17	12	5	17	12	5	17	-	-	-
Primário	1304	108 0	2384	1184	841	2025	118 4	843	2027	130 2	989	229 1
Médio	382	230	612	275	181	456	275	255	530	237	154	391
Elevado	141	106	247	156	177	333	156	186	342	177	154	331
Sec. Superior	25	19	44	25	19	44	25	19	44	40	43	83
Colégio Jr.	3	1	4	2	5	7	2	10	12	2	14	16

Fonte :- Direção de Economia e Estatística, ASSAM

Quadro -5.8

Distritos de Dibrugarh e Tinsukia

Estatísticas sobre as bibliotecas distritais, 2001- 2011

	2001			2011		
	Dibrugarh	Tinsukia	Total	Dibrugarh	Tinsukia	Total
Número de livros	80,288	30,714	1,11,002	1,01,715	51,245	1,52,960
Média Diário Resposta de leitura	100	55	155	34	36	70
N.º de membros registados	10,536	3,010	13,546	22,101	4,805	26,906

Fonte :- Direção de Economia e Estatística, ASSAM

Tabela -5.9

Distritos de Dibrugarh e Tinsukia

Taxa de alfabetização regional comparada com a Índia, 1901- 2011

Ano	Literacia total em %	Alfabetização masculina em %	Feminino Literacia em %	% de alfabetização na Índia
1901	2.1	3.7	0.2	5.35
1911	4.4	7.7	0.7	5.92
1921	6.3	10.6	1.4	7.12
1931	9.1	15.0	1.7	9.5
1941	10.0	15.5	3.5	16.1
1951	16.4	24.1	8.2	18.3

1961	28.3	37.8	16.6	28.3
1971	30.5	38.1	21.6	34.57
1981	-	-	-	43.57
1991	54.3	55.3	35.95	52.21
2001	63.64	73.7	55.37	64.83
2011	73.57	80.2	66.53	74.04

Fonte: Censo da Índia

Mobilidade social Mudança:-

A mobilidade das pessoas foi impulsionada por mudanças no estilo de vida, crenças e costumes sociais, prosperidade económica, taxas de alfabetização e superstições. Por outro lado, como resultado dos desenvolvimentos acima mencionados, as estruturas da força de trabalho da região também se alteram. As pessoas começam a trabalhar em ocupações secundárias e terciárias em resultado de uma maior mobilidade, o que reduz gradualmente a importância das ocupações primárias. A mudança de profissões provoca um novo processo na sociedade. Um fator importante no processo de urbanização é o lugar da migração no contexto do desenvolvimento social e económico.

Observámos que os migrantes da região dos distritos de Dibrugarh e Tinsukia trouxeram consigo as suas tradições socioculturais, a sua visão do mundo e os seus padrões de comportamento. Escusado será dizer que estas ramificações socioculturais da migração têm um impacto no processo de urbanização. O núcleo do cosmopolitismo e da concentração é uma zona urbana. Pessoas de origens e vocações diversas aumentam a atividade urbana. Há sempre uma coexistência pacífica entre as comunidades. No entanto, grupos demográficos significativos nas áreas urbanas e noutras partes da região apresentam algum grau de segregação social e étnica.

Poderá haver ramificações socioculturais significativas devido à heterogeneidade e diversidade da população imigrante nos distritos de Dibrugarh e Tinsukia no que diz respeito à casta, religião, língua e cultura. A composição sociocultural da zona alterou-se significativamente devido aos numerosos grupos de imigrantes, nomeadamente no que respeita à diversidade étnica. Por outro lado, os imigrantes do Bangladesh têm um impacto diferente dos imigrantes de outras regiões do país. Duas formas culturais significativas que podem ser a causa de agitação social são a língua e a religião. Os conflitos podem surgir quando há uma partida em massa e o ambiente impede a integração natural com a população de acolhimento. Os distritos de Dibrugarh e Tinsukia vivem atualmente uma situação semelhante a esta devido à entrada descontrolada de imigrantes nestas zonas. Enquanto os que chegaram mais cedo já se misturaram com a comunidade, os que chegaram mais tarde apresentam um desafio ligeiramente diferente.

Tabela-5.10

Distritos de Dibrugarh e Tinsukia

Rácio de sexos em relação a Assam e à Índia, 1901-2011

Número de mulheres por 1000 homens

Ano	Região	Assam	Índia
1901	863	919	972
1911	883	915	964
1921	870	896	955
1931	818	874	950
1941	847	875	945
1951	821	868	946
1961	822	869	941
1971	859	896	930
1981	-	-	934
1991	898	923	927
2001	922	935	933
2011	950	954	940

Fonte: Censo da Índia, 2011

Mudança demográfica: -

A composição demográfica de uma população tem um impacto significativo na expansão e no desenvolvimento do território. As caraterísticas demográficas regionais alteram-se globalmente com o processo de urbanização. A composição étnica da região, os níveis de alfabetização, o rácio homens/mulheres (Quadro n.º 5.10), o tamanho da família, o número de agregados familiares e outras caraterísticas da estrutura social também variam. A trajetória do crescimento populacional na região ao longo do período pós-independência emergiu como o tópico mais importante e delicado entre as implicações demográficas. No entanto, o quadro demográfico nacional também mostra este tipo de mudança.

Outros factores demográficos, incluindo a idade e o sexo, o rácio de dependência, a mobilidade interna e a densidade populacional, são também afectados pela rápida expansão da população da região, que pode ser atribuída tanto ao aumento natural como à imigração.

Crescimento do estilo de vida urbano:

O aumento da proporção da população urbana em relação à população total ao longo do tempo e do espaço é designado por urbanização no sentido demográfico. A migração das zonas rurais para as zonas urbanas é considerada a principal causa deste crescimento. O processo de modernização e desenvolvimento facilita a migração das pessoas, aumentando as opções de mobilidade. Depois dos factores relacionados com o nascimento e a morte, a migração é o terceiro fator fundamental que influencia a dimensão da população. Entre 1901 e 2011, o número de pessoas que vivem na região dos distritos de Dibrugarh e Tinsukia aumentou de 2 86 612 para 26 44 696. A migração é um fator que contribui para este aumento, para além dos aumentos naturais. A migração fez aumentar a população da região em cerca de 26,6%, representando cerca de 25% da população migrante em Assam. As cidades eram os centros do poder, da cultura, da arte e do turismo. Mais tarde, a indústria transformadora foi acrescentada à lista. Assim, a urbanização trouxe um conjunto de funções e alterações funcionais nas relações que não existiam nas zonas rurais. A passagem das zonas rurais para as zonas urbanas afectou não só as escolhas económicas e profissionais das pessoas, mas também as suas interações sociais e interpessoais (Gosh, 1998). As indústrias do chá, do carvão, do petróleo e do contraplacado do distrito são responsáveis pelo desenvolvimento das ligações ferroviárias nos distritos de Dibrugarh e Tinsukia.

Nas proximidades da cidade de Tinsukia, surgiram várias empresas que produzem maquinaria, máquinas-ferramentas e peças, bem como mobiliário de aço; algumas destas indústrias conseguiram mesmo encontrar uma posição nos mercados globais.

A migração em grande escala de pessoas das zonas rurais para as zonas urbanas é a causa da rápida taxa de expansão económica induzida pela industrialização. As pequenas cidades podem ter uma taxa de crescimento fraca porque não conseguem atrair novos habitantes (Green Wood, 1971). Os centros urbanos recentemente desenvolvidos na área apresentam um complexo de um mercado diário, algumas grandes lojas de retalho, ao longo da estrada principal, e conetividade rodoviária, apesar de não corresponderem à definição de cidade segundo o censo. Um banco, serviços telefónicos e postais, um hospital, uma esquadra de polícia, um liceu, uma escola secundária ou superior e alguns outros estabelecimentos industriais de pequena escala - principalmente relacionados com a agricultura e a silvicultura - estão a criar mercados potenciais e a formar degraus inferiores na hierarquia dos centros urbanos desta região. A comunicação, os meios de comunicação social, as compras e a disponibilidade geral de bens e serviços, tanto nas zonas rurais como nas áreas metropolitanas adjacentes, contribuem para a mudança dos estilos de vida urbanos e rurais. A disseminação dos estilos de vida urbanos para a periferia das zonas rurais é um processo de dispersão de bens e serviços a partir dos centros urbanos. Além disso, o processo varia de zona para zona dentro do centro urbano.

Isto é demonstrado pela forma como a cidade é moldada. As pessoas que adoptaram a urbanização como modo de vida têm padrões de comportamento que explicam a morfologia das cidades. Os padrões morfológicos das regiões distritais de Dibrugarh e Tinsukia são semelhantes aos de várias outras regiões indianas. O quadro é caracterizado por padrões de expansão urbana deliberados e acidentais. A morfologia da região dos distritos de Dibrugarh e Tinsukia foi colorida em diferentes alturas. Os materiais de construção, os traçados arquitectónicos e os desenhos sofreram alterações significativas ao longo do tempo. A morfologia atual dos distritos de Dibrugarh e Tinsukia é o resultado de numerosos elementos físicos e culturais que actuaram ocasionalmente na região.

A urbanização pode ser essencialmente classificada em dois tipos: (i) o processo que é auto-induzido e (ii) o processo que é sobreposto. A urbanização pode ser classificada como auto-induzida ou ortogenética quando resulta de forças específicas do território, como nos casos de Dibrugarh, Tinsukia, Doom Dooma, Naharkatia, etc. A concentração da urbanização resulta de uma urbanização sobreposta em áreas confinadas, como Digboi, Duliajan e Namrup. Não houve outro fator local de expansão urbana senão o afluxo de pessoas (Gosh, 1998). Consequentemente, o crescimento urbano da região apresenta uma trajetória intrigante desde a era colonial, no início do século, até à atual era independente, que é marcada por exigências significativas em termos de organização espacial.

Mudança estrutural regional:

1. Zona de alta transformação:-

Os centros urbanos da região dos distritos de Dibrugarh e Tinsukia são considerados como estando dentro da zona de alta transformação, porque estão ligados a todas as funções que são utilizadas para demarcar Umland. A localização é muito próxima do centro da cidade. Estas zonas estão ligadas a todas as ligações funcionais. A distância entre estas zonas é de 8 a 30 quilómetros.

2. Zona de Transformação Moderada:

A relação de influência urbana moderada com os centros das cidades constitui a segunda zona. Ela cria uma faixa fina que separa as zonas de alta e baixa transformação. A influência direta do centro urbano limita-se a uma pequena faixa que engloba os pontos de crescimento. Em geral, a área da cidade não recebe culturas e alimentos desta zona.

3. Zona de Baixa Transformação:

Existem apenas três ligações úteis entre os centros das cidades e a zona de fraca influência urbana. Os únicos serviços que ligam esta zona aos centros das cidades são o serviço de autocarros locais, o serviço médico e o serviço educativo. Devido ao aumento da distância, a zona urbana não recebe leite, legumes, forragens, cereais ou mão de obra da zona de efeito extremamente reduzido.

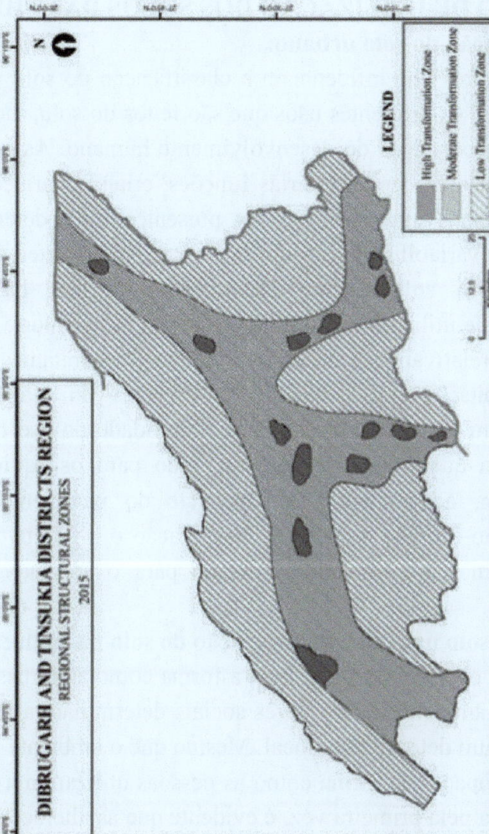
DIBRUGARH AND TINSUKIA DISTRICTS REGION
REGIONAL STRUCTURAL ZONES
2015
LEGEND
High Transformation Zone
Moderate Transformation Zone
Low Transformation Zone

CAPÍTULO VI

O PADRÃO DE UTILIZAÇÃO DOS SOLOS DAS CIDADES

Base de classificação do solo urbano:

Os principais factores que influenciam a classificação do solo urbano são a atividade humana e os diferentes usos que são feitos do solo, incluindo a sua localização, tipo e conceção do desenvolvimento humano. As várias secções de uma área urbana concentram várias funções, criando variações espaciais no ambiente urbano. Numerosos factores presentes numa determinada área contribuem para a variabilidade espacial do uso do solo (Carter, 1972).

A classificação do solo urbano nas regiões urbanas baseia-se num desenvolvimento de utilização mista, em sistemas de transporte multimodais e em densidades relativamente elevadas (mais de 10 habitantes e mais de 5 unidades de habitação por hectare). As divisões do planeamento dos transportes têm um impacto indireto na acessibilidade do uso do solo e um impacto direto na quantidade de solo utilizado para os equipamentos de transporte. Assim, ao aumentar a superfície do pavimento através da construção de auto-estradas urbanas, a localização e o desenvolvimento do projeto incentivam o crescimento orientado para o automóvel (Doniwal, 2009).

Classificação do solo urbano e da utilização do solo na Índia:

A combinação de ocorrências históricas, a forma como as forças económicas interagem com o ambiente e os valores sociais determinam a forma como a terra é utilizada num determinado local. Mesmo que o ambiente natural tenha tido um grande impacto na forma como as pessoas utilizaram a terra quando esta foi distribuída pela primeira vez, é evidente que as alterações posteriores na utilização da terra se adaptaram à ecologia cultural
(Dhillon e Sing, 1991). A paisagem, ou a superfície do mundo, é um recurso especial e inestimável. Todas as acções económicas, sociais e ambientais têm um impacto na paisagem e são virtualmente influenciadas por ela.

A distribuição espacial das funções numa zona urbana é geralmente designada por utilização do solo urbano (Chapin, 1957). Os terrenos construídos e os espaços abertos constituem as duas principais categorias de utilização do solo urbano. Os terrenos urbanizados que foram objeto de desenvolvimento podem ainda ser separados em sete categorias: (1) residencial; (2) comercial; (3) industrial; (4) administrativo; (5) institucional, que inclui instituições médicas, educativas e religiosas; (6) transportes; e (7) recreativo, que inclui parques, parques infantis, teatros, cinemas e outros espaços públicos. O restante espaço aberto é constituído por terrenos agrícolas, pomares, massas de água e terrenos baldios.

Terrenos urbanos e seus usos:

Terrenos urbanos: As suas aplicações Uma vez que apenas as caraterísticas funcionais de um povoado determinam se este pode ou não ser reconhecido como cidade, o estudo da utilização do solo é crucial. Na análise da utilização dos solos dos centros urbanos das regiões distritais de Dibrugarh e Tinsukia são utilizadas fontes de dados primárias e secundárias. Os dados sobre as áreas classificadas em diferentes categorias de utilização do solo nos centros urbanos foram fornecidos pelo Department of Town and Country Planning. Os principais tipos de desenvolvimento são: residencial, comercial, administrativo, industrial, recreativo, público e semi-público, agrícola e massas de água. Para além de fornecer uma imagem vívida da evolução física, morfologia e carácter funcional de uma cidade, o padrão de utilização do solo de um centro urbano também fornece uma chave para o seu sustento, crescimento e estado atual de desenvolvimento. Os centros urbanos e a sua envolvente natural estão intimamente relacionados.

Tabela-6.1

Distritos de Dibrugarh e Tinsukia Região

Padrão atual de utilização do solo urbano de algumas cidades importantes de Dibrugarh e

Distritos de Tinsukia Região abrangida pelo Plano Diretor

Utilização do solo	Namrup	% do total	Dibrugar h	% do total	Nahark atia	% do total	Tinsukia	% do total
Residencial	425.45	15.0	1419.50	19.76	488.19	20.0	2350.28	44.68
Comercial	09.66	0.34	60.98	0.85	45.72	1.87	247.53	4.71
Industrial	507.84	17.90	30.49	0.42	35.99	1.47	257.70	4.90
Público e semipúblico	20.89	0.74	299.88	4.18	43.78	1.79	347.68	6.61
Recreativo	06.40	0.23	29.00	0.40	42.21	1.73	50.66	0.96
Circulação	55.45	1.95	243.89	3.40	51.26	2.10	211.67	4.02
Defesa	-		44.38	0.62	-	2.10	-	-
Caminhos-de-ferro	12.04	0.42	44.95	0.63	51.328	5.17	51.32	0.98
Cinto verde-A	201.67	7.12	19.34	0.27	126.21	26.13	-	-
Cinto verde-B(jardim de chá)	789.74	27.84	1203.85	16.76	637.99	29.51	334.90	6.37
Agricultura	645.47	22.75	2827.59	39.37	720.40	3.34	1370.04	26.04
Terrenos vagos	51.19	1.80	514.39	7.16	81.66	1.63	-	
Corpos de água	39.01	1.38	41.54	0.58	39.70	2.80	38.74	0.74
Terrenos do Estado	71.93	2.54	402.90	5.61	68.25		-	
Total	2836.74h a	100.00	7182.69h a	100.00	2441.36 ha	100.00	5260,52 ha	100.00

Fonte: Com base em dados, Planeamento urbano e rural, Dibrugarh e Tinsukia

A longa história de diversas utilizações do solo é visível nos centros urbanos dos distritos de Tinsukia e Dibrugarh. Os padrões de utilização do solo atualmente em vigor na região dos distritos de Dibrugarh e Tinsukia são apresentados no quadro seguinte em vários centros urbanos e classificações.

Verificou-se que os locais com uma maior proporção de terras utilizadas para fins residenciais e comerciais tendem a ser mais antigos e mais urbanizados do que as zonas com uma maior proporção de terras utilizadas para a agricultura . Foram utilizadas duas categorias principais para discutir a atual utilização dos solos na região dos distritos de Dibrugarh e Tinsukia: Área Desenvolvida e Área Não Desenvolvida. A propriedade utilizada para fins residenciais, comerciais, administrativos, de trânsito, industriais, recreativos, militares, públicos e semi-públicos está incluída na área desenvolvida. Os terrenos mistos desocupados, as zonas baixas e os terrenos agrícolas (pântanos) não urbanos ou sem utilização constituem a zona não urbanizada.

1. Área desenvolvida

(I) Utilização residencial do solo: Uma área residencial é qualquer área de terra utilizada por seres humanos como um lugar para viver. Os terrenos utilizados para a construção de habitações são conhecidos como zonas residenciais (Murphy,1966). A maior parte da área urbanizada e 66% do total de terrenos urbanos da região encontram-se nas secções residenciais da região dos distritos de Dibrugarh e Tinsukia. Uma vez que há casas por todo o lado, o sector residencial constitui a maior parte de um núcleo urbano (Garniner, Chabot, 1967). As zonas residenciais constituem a maior parte da área urbanizada entre as várias classificações de uso do solo, de acordo com as observações (Northam, 1975). Nas cidades indianas, a área residencial média representava 45,19% da área total construída, superando todas as outras categorias de uso do solo (Taneja, 1971).

A área urbanizada não contém terrenos não urbanizados ou agrícolas; em vez disso, consiste apenas em estruturas construídas e estradas. No que respeita à utilização residencial, as regiões dos distritos de Dibrugarh e Tinsukia destacam-se como as principais categorias de utilização dos solos, à semelhança de outras cidades. A necessidade fundamental de povoamento explica a grande percentagem de terrenos de povoamento utilizados para fins residenciais. Uma medida económica significativa da área construída é o valor do solo. Dependendo dos atributos físicos, da procura e da localização de uma área, os terrenos residenciais têm valores variáveis na cidade. O tipo de terreno residencial e a sua proximidade a serviços públicos e semi-públicos, mercados e indústrias têm um impacto significativo no seu valor. Mesmo nas zonas residenciais, o tamanho e a localização dos lotes em relação às estradas principais, cruzamentos de estradas, mercados, parques, escolas e outros estabelecimentos influenciam o valor dos terrenos. Em Dibrugarh, dos 2173,07 hectares de área total construída, cerca de 1419,50 hectares, ou 63,32%, são utilizados para fins residenciais. As colónias organizadas de habitação ferroviária ocupam uma parte significativa do sudeste. bairros recentemente desenvolvidos como South Jalan-Nagar. Nos últimos anos, registou-se um desenvolvimento em Milan-Nagar, Barbari, Nirmaligaon e em certas zonas de Boiragimoth, Kachabarigaon, Mancotta, Niz Kadomoni e Mohpualimora Gohain Gaon.

Está prevista a construção de habitações em grande escala em três locais: (i) das oficinas da Railway à zona de Chawlkhowa, no lado ocidental da A.T. Road; (ii) da estrada de transporte à Khanikar Dairy Firm, no lado ocidental da Mancotta Road; e (iii) da estrada de transporte à Komar Gaon Road e à Behiating Road, na A.T. Road. O planeamento e o desenvolvimento dos bairros devem orientar o desenvolvimento destas regiões.

A utilização do solo na área do comité da cidade de Tinsukia é maioritariamente residencial, constituindo cerca de 65% da área construída. As secções residenciais carecem de infra-estruturas de drenagem adequadas e foram criadas de forma extremamente desordenada, com estradas extremamente estreitas. Com exceção das zonas construídas pelo T.D.A., quase todos os bairros residenciais da cidade municipal são densamente povoados, e uma redensificação adicional sem renovação urbana resultará num pandemónio. Há muitos habitantes da classe média a viver em zonas densamente povoadas com poucos equipamentos residenciais. Em Naharkatia, os terrenos residenciais representam cerca de 294,00 hectares, ou seja, 61,41% do total de terrenos urbanizados numa área total de 478,78 hectares.

Em Namrup, dos 1 037,73 hectares do total de terrenos construídos, cerca de 425,45 hectares, ou seja, 40,99% do total, são utilizados para fins residenciais. 52,16% da área de terreno dos 4,13 km2 da cidade de Digboi são utilizados para fins residenciais e 65% da área de terreno dos 3,68 km2 da cidade de Makum são utilizados para fins residenciais.

2. Utilização comercial do solo: A maior concentração de utilização do solo e de atividade comercial verifica-se em Tinsukia. Lojas de retalho, mercados grossistas, instalações de alojamento, armazéns, etc. Sete,04% dos terrenos urbanizados de Tinsukia são utilizados para fins comerciais. A maior concentração de utilização de terrenos comerciais encontra-se na secção oriental de Tinsukia, ou CBD. A região central registou o maior crescimento no comércio grossista. Além disso, o centro da cidade e a área ao lado da Estrada Nacional são os principais centros da indústria de venda a retalho. O volume da atividade comercial está a crescer rapidamente e vários hotéis indicam que esta é a principal causa do crescimento demográfico da cidade. 2,82% da área total desenvolvida de Dibrugarh, ou cerca de 60,98 hectares, são utilizados para fins comerciais e empresariais. Em Upper Assam, Dibrugarh é a segunda cidade comercial mais importante, a seguir a Tinsukia. Abrange uma vasta área, que inclui partes dos distritos de Dhemaji, na margem norte do rio Brahmaputra, bem como jardins de chá, cidades petrolíferas e outras áreas próximas. A cidade de Dibrugarh não dispõe de uma rede de mercados independentes estabelecida, apesar de a sua zona central de negócios (CBD) albergar lojas e edifícios comerciais organizados. Cerca de 9,66 hectares, ou 0,93 %, da área total urbanizada de Namrup e cerca de 21,45 hectares, ou 4,48%, da área total urbanizada da cidade de Naharkatia são utilizados para fins comerciais e empresariais. Apenas 5% da área terrestre da cidade de Makum e 269,98% da área terrestre da cidade de Digboi são utilizados para actividades comerciais.

Utilização de terrenos industriais: A maior parte das indústrias de Tinsukia encontra-se na colónia industrial de Borguri, ao longo da estrada A.T. (uma estrada nacional), na propriedade do proprietário ou ao abrigo de um contrato de arrendamento ou aluguer. Para controlo geral, a maioria dos proprietários opta por ter as suas indústrias na sua propriedade. Apenas 38 indústrias, de um total de 334, têm mais de dois hectares de terreno.

A cidade de Dibrugarh é pouco significativa em termos de atividade industrial. Na área do plano, cerca de 30,49 hectares de terra - ou 1,40% da área total desenvolvida - são utilizados para fins industriais.

Na cidade de Naharkatia, quase não existem actividades industriais. Na área do plano, apenas 20,45 hectares de terra - ou 4,27% da área total desenvolvida - são utilizados para fins industriais.

Cerca de 507,84 hectares de terra, ou seja, 17,90% da área do Plano Diretor de Namrup e 48,94% da área total desenvolvida, eram propriedade de unidades industriais dentro da área do plano. Quinze por cento da área de terreno na área do comité da cidade de Makum é utilizada para fins industriais.

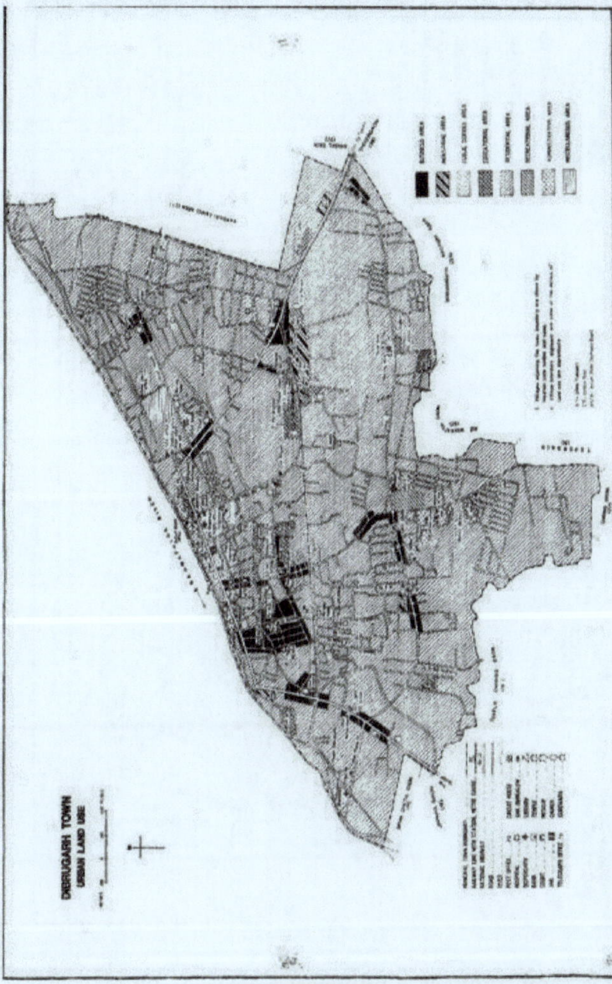

Figura 6.1

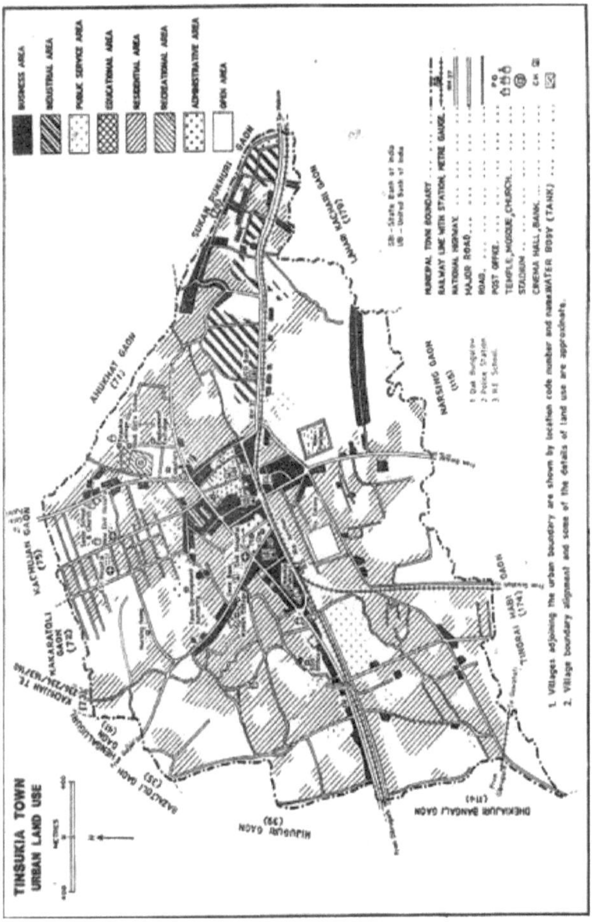

Fig6.2

4. Domínios semi-públicos e públicos: Cerca de 299,88 hectares, ou seja, 13,80% da área total urbanizada de Dibrugarh, são utilizados para fins públicos e semi-públicos, incluindo instituições de ensino. Como sede de distrito, Dibrugarh tem de albergar uma série de estabelecimentos governamentais. A maior parte da região onde se situavam as instalações governamentais e os edifícios públicos tinha sofrido erosão antes e depois do grande terramoto de 1950, devido ao movimento do Brahmaputra para sul, que capturou a parte inferior do rio Dibru. A maioria das instituições governamentais e dos serviços públicos foram obrigados a alugar casas dispersas pela cidade. O tribunal do vice-comissário, o gabinete dos impostos especiais de consumo e o gabinete dos impostos sobre as vendas são alguns dos serviços públicos cujos edifícios actuais estão a ser transferidos para a região de Chawkidingee. Prevê-se a construção de mais instituições governamentais e públicas em consequência do crescimento e da expansão da cidade, o que exige a necessidade imediata de mais espaço. As terras do Governo ocupam uma área de 402,91 hectares ou 5,61% da área total do Plano Diretor.

Em Naharkatia, os terrenos públicos e semi-públicos, incluindo os estabelecimentos de ensino, representam cerca de 25,15 hectares, ou seja, 5,25% da área total urbanizada. Atualmente, não existem muitos serviços administrativos na cidade. Um total de 3,79% da área do Plano Diretor, ou seja, 92,51 hectares, está coberto por terrenos públicos.

Em Namrup, existem cerca de 20,89 hectares de terrenos utilizados para fins públicos e semi-públicos, incluindo instituições de ensino. Isto representa apenas 2,01% da área total urbanizada. Atualmente, existem muito poucos serviços administrativos na cidade e constata-se que, antes da construção do complexo industrial, a região não dispunha de hospitais, colégios ou escolas. No entanto, um número considerável de hospitais, centros de saúde públicos, colégios e estabelecimentos comerciais oferecem os seus serviços aos habitantes urbanos e rurais afastados. A elevada taxa de utilização de 0,63 hectares por 1000 indivíduos é um indicador claro deste facto.

(i) Utilização médica: Dibrugarh tem um acesso superior a instalações médicas. Os registos da comunidade médica da Índia referem-se a Dibrugarh como uma cidade médica. A Escola de Medicina Dr. Berry White foi a primeira escola de medicina em Assam. Foi fundada em Dibrugarh em 1890 e mais tarde expandiu-se para se tornar uma faculdade de pleno direito antes de se mudar para Barbari, que fica nos arredores da cidade. Para além da Faculdade de Medicina de Assam, existe um outro dispensário público para doentes externos no local da antiga Faculdade de Medicina e três clínicas de saúde para os trabalhadores dos jardins. Além disso, a cidade alberga um número considerável de clínicas e hospitais privados. Na zona de Barbara, existe um hospital ferroviário em pleno funcionamento para os trabalhadores dos caminhos-de-ferro. No que diz respeito aos cuidados médicos, nomeadamente em situações complexas, a existência do Medical College Hospital em Dibrugarh é um enorme conforto para toda a região oriental, incluindo Arunachal, Nagaland, etc. Mas Tinsukia dispõe também de um hospital cívico de grandes dimensões e de um grande número de hospitais privados que servem a cidade e os seus arredores, o que a torna praticamente bem equipada em termos de instalações médicas.

Em Naharkatia, há um dispensário público e em Dighalapather Goan, um subúrbio da cidade, há um hospital com trinta camas. As instalações médicas atualmente existentes são insuficientes face ao crescimento demográfico da região de Naharkatia. Para receberem melhores cuidados, muitos doentes deslocam-se rapidamente a Dibrugarh ou a outros locais . Em Naharkatia, não existem atualmente lares de idosos privados. Para além de três residências assistidas, Margherita dispõe de um hospital municipal com 100 camas e de um hospital CIL completo. Na cidade de Digboi, existem dois lares de idosos, um hospital municipal com trinta camas e um hospital AOD de renome que oferece cuidados médicos de alto nível.

A cidade de Namrup é atualmente servida por um dispensário. Existe um hospital de 55 camas gerido por um especialista na unidade industrial do BVFC. Para além disso, a APL e a ASEB têm um hospital. No entanto, apenas os não trabalhadores podem ser admitidos nestes hospitais. Dado que Namrup fica a 75 km da sede do distrito de Dibrugarh, é urgentemente necessário um hospital público com especialistas para servir os residentes da cidade de Namrup e da zona circundante.

(ii) Abastecimento de água: Os centros urbanos dos distritos de Tinsukia e Dibrugarh não têm acesso a sistemas urbanos de abastecimento de água. Apesar de estar situada na margem do rio Brahmaputra, a cidade de Dibrugarh não dispõe de infra-estruturas de abastecimento de água canalizada. Os poços tubulares e os poços circulares são as únicas fontes de água em Dibrugarh. Na cidade de Dibrugarh, as águas superficiais e subterrâneas são facilmente acessíveis. Para satisfazer as suas necessidades, o Assam Medical College e a Railway Authority instalaram sistemas de abastecimento de água nas proximidades. Embora o sistema de abastecimento de água potável de Dibrugarh, que se baseia em poços tubulares e circulares, funcione eficazmente, pensa-se que contém alguma poluição. Devido ao facto de existirem cada vez mais latrinas sanitárias com fossas sépticas, fossas de imersão e drenos de instalações médicas, existe uma grande probabilidade de os poços tubulares e os poços circulares ficarem contaminados. Atualmente, o principal abastecimento de água de Tinsukia provém de águas subterrâneas. Existem rios como o Brahmaputra e o Tingrai. Atualmente, Tinsukia não dispõe de um sistema de água canalizada que extraia a água destes rios. Por conseguinte, a população é obrigada a recorrer a poços manuais, tanques, poços, etc. O departamento ferroviário dispõe de um sistema de abastecimento de água à colónia ferroviária através de poços tubulares profundos com uma reserva central, em função da procura.

(iii)Drenagem e esgotos: Dibrugarh tem um sistema de drenagem muito deficiente; a maioria dos esgotos à beira da estrada são Kutcha, e o declive é bastante suave à medida que se aproxima do escoadouro. Dibrujan,

Khalihamari, Grahambazar e Milan Nagar, a sul e a norte, são as localidades mais afectadas. O esgoto de proteção da cidade passa pelo seu centro e desagua na ribeira de Rajabheta a cerca de 5 quilómetros dos pontos de transbordo da cidade durante os períodos de precipitação elevada. A água do bairro de Santipara, de Chowkidingee Este-Oeste e do centro de Chowkidingee é enviada para o esgoto de proteção da cidade através de um segundo esgoto principal. E quando se tomam duches longos e intensos, o esgoto não consegue aguentar o peso. Para aumentar a sua capacidade de descarga, o dreno de Rajabheta, o terceiro dreno, necessita de manutenção. Isto significa que os esgotos têm de ser realinhados e seccionados de novo imediatamente e que toda a área do plano diretor necessita de uma estratégia de drenagem completa. Situada na margem sul do rio Dibru, um afluente do Brahmaputra que acabou por se tornar o próprio Brahmaputra devido à deslocação do canal para sul, Dibrugarh era propensa a inundações recorrentes. A enorme carga de sedimentos do Brahmaputra provocou uma contínua deposição de lodo no leito, elevando o seu nível e engolindo grande parte da antiga cidade de Dibrugarh. Este facto agravou o sistema de drenagem do Brahmaputra e contribuiu significativamente para o grave problema da hidrologia urbana. Atualmente, a cidade de Dibrugarh está 1,5 metros abaixo do nível do leito do Brahmaputra, o que significa que o rio não tem qualquer efeito na drenagem do congestionamento de drenagem durante a estação das chuvas.

Quando se trata do escoamento das águas pluviais em Tinsukia, o escoamento acaba por desaguar no rio Tingrai através do escoamento terrestre através de campos de arroz de grandes dimensões e de drenos à beira da estrada no interior da cidade. Os dois canais de escoamento atualmente existentes para transportar o escoamento desta parte são inadequados, tanto em termos de secção como de inclinação. Um começa na instalação da A.O. C. e segue para Tingrai, enquanto o outro começa na conduta do caminho de ferro na zona de Hijuguri e segue ao longo da margem do caminho de ferro. A maior parte do escoamento na parte norte é transportada para o canal natural de terra por drenos à beira da estrada a leste. Uma parte do caudal tem origem na estrada Shivdham G.N.B. e percorre o canal natural de terra conhecido como Kachujan, que vai do lado norte da região de Parbatia até ao lado norte da zona do Colégio. Depois disso, o caudal dissipa-se numa zona baixa de arrozais antes de desaguar finalmente no rio Dinjan em Khanamukh. O riacho Magurijan não drena a água da área de Tinsukia; é antes a principal via de descarga do escoamento dos jardins de chá, tais como Hukan Pukhuri, Kachujan, etc., que se situam dentro da fronteira do Plano Diretor na extremidade nordeste da cidade. A água da zona de desenvolvimento de Tinsukia acaba por ser transportada para o rio Dinjan pelos esgotos da zona de desenvolvimento. A cidade de Dibrugarh e uma outra cidade da zona não dispõem de infra-estruturas de esgotos e o Conselho Municipal de Dibrugarh elimina os resíduos por camião, transportando-os para a zona de Maijan, perto do Brahmaputra.

(iv) Eliminação de resíduos sólidos: Em Dibrugarh, quase 50 toneladas métricas de lixo são produzidas todos os dias. As principais fontes de produção de lixo são as casas, as empresas, os estabelecimentos de saúde e os mercados. Apenas 40 a 50% do lixo total está a ser recolhido. Os cinco mercados da cidade são os principais produtores de lixo sólido. Representam cerca de metade de todo o lixo sólido produzido. Em Kalibari, existe um único matadouro que produz resíduos biodegradáveis. Estes resíduos são eliminados nas ruas juntamente com os resíduos sólidos.

Atualmente, os resíduos da cidade são eliminados em Maijan, perto do rio Brahmaputra, na direção nordeste da área do plano diretor de Dibrugarh. A fim de proporcionar um local para a gestão e eliminação de resíduos sólidos na cidade de Dibrugarh, o Conselho Municipal de Dibrugarh propôs a aquisição de 14 Bighas 0 Katha 12 Ls de terreno em Melengial Goan sob Moderkhat Mouza, perto de Lahoal. A cidade tem sete contentores de lixo grandes e doze pequenos, com uma capacidade combinada de 100 a 150 toneladas de lixo que têm de ser despejados em Maijan Barsaikia Gaon.

Nos distritos de Tinsukia e na cidade de Dibrugarh, não existe um sistema de gestão de resíduos sólidos. Atualmente, o lixo da cidade é eliminado localmente em vários locais. O atual local de eliminação de resíduos sólidos deve ser construído de forma ordenada para evitar que a eliminação de resíduos sólidos contamine a água e o ar das regiões planeadas.

(v) Lazer: Apenas 29 hectares, ou 1,33%, de toda a área construída da cidade de Dibrugarh - 14,21 hectares - são utilizados para actividades recreativas. Tendo em conta o aumento da população, isto está longe de ser suficiente. A cidade de Dibrugarh tem apenas dois parques: o campo de Chowkidingee é uma das várias pequenas áreas de lazer. O bairro de Boiragimath alberga o estádio ao ar livre. Além disso, os muitos terrenos privados vazios da cidade servem de parque infantil para as crianças que vivem nas proximidades. No entanto, estas regiões estão a ser rapidamente urbanizadas, o que está a reduzir drasticamente a quantidade de espaços abertos na cidade. Em comparação com os países emergentes, os 0,12 hectares de espaços de lazer por 1000 habitantes do município são muito inferiores ao critério mínimo de 1,62 hectares por mil habitantes.

As instalações recreativas de Tinsukia são lamentavelmente inadequadas para satisfazer as necessidades da população. Atualmente, 7 salas de cinema, 3 teatros e 1 biblioteca distrital servem as necessidades socioculturais da comunidade. Três salas antigas precisam de ser modernizadas. Para além disso, existem três pequenos parques, dois estádios e uma grande área aberta para reuniões públicas chamada Sorabananda Singha Stadium Pather. Para além destes, existem cerca de nove lagos, alguns dos quais poderão ser criados como lagos de lazer. O Napukhuri, que foi construído como um parque, tem cerca de 16 acres de área.

Apenas 2,66%, ou 12,73 hectares, da área total construída da cidade de Naharkatia são utilizados para fins recreativos. A esquadra da polícia de Naharkatia não fica longe do estádio interior e exterior. Na região de Dighalapather existe atualmente um parque infantil. Recentemente, Naharkatia assistiu à criação de uma biblioteca pública por uma organização de voluntários. Apenas 0,44 hectares de espaço recreativo por 1000 pessoas vivem na região do plano diretor, significativamente menos do que a orientação mínima aceitável de 1,62 hectares por 1000 pessoas para nações em desenvolvimento como a Índia.

Apenas 6,04 hectares, ou seja, 0,62% da área total construída da cidade, são utilizados para actividades de lazer em Namrup, o que é muito pouco para uma cidade industrial. O campo do BVFC é um dos vários campos mais pequenos. Existem também muitos terrenos privados não urbanizados na cidade. A quantidade de espaço recreativo por 1000 pessoas na área do plano diretor é de apenas 0,19 hectares, o que é inferior ao limiar mínimo aceitável de 1,62 hectares por mil pessoas para nações em desenvolvimento como a Índia. Na região do comité da cidade de Digboi, apenas 0,05% da terra é utilizada para actividades de lazer.

(vi) Transportes: Todas as auto-estradas nas regiões metropolitanas de Dibrugarh, com exceção da A.T. Road, são extremamente estreitas e têm pouco espaço para crescer. A Rehabari Road, a Mancotta Road e a Singhania Road são todas excessivamente estreitas e as lombas laterais não estão de acordo com os princípios científicos quando se trata de acomodar o atual nível de tráfego e de facilitar o fluxo de veículos. Quase todos os cruzamentos têm de ser melhorados e modificados de imediato. Há cinco passagens de nível que estão constantemente ocupadas e precisam de ser rapidamente reparadas. Sob a jurisdição da Câmara Municipal de Dibrugarh, há 39,19 km de estradas pavimentadas e 43,39 km de estradas não pavimentadas. No âmbito do conselho municipal de Dibrugarh, existem apenas 69,7 km de estradas por lakh de habitantes, enquanto Assam, no seu conjunto, tem 148 km de estradas por lakh de habitantes. Isto faz com que esta seja uma área deficiente que tem de ser resolvida de imediato. Há uma necessidade urgente de alargar as estradas em zonas residenciais como Santipara, Basbari, Kalibari, etc., porque são demasiado pequenas. Um total de 3,99% da área terrestre na zona da cidade de Digboi é utilizada para transportes. 45,00 hectares, ou 9,40% da área total urbanizada, são utilizados para fins de circulação na zona do plano diretor de Naharkatia. Por outro lado, 55,45 hectares de terreno são utilizados para circulação na zona do plano diretor de Namrup.

II Área não urbanizada: Um pedaço de terra dentro de uma área urbana planeada que não tenha sido desenvolvido é referido como uma área não desenvolvida. A cidade de Dibrugarh tem 2827,59 hectares, ou 39,37%, da sua área total planeada dedicados à agricultura. As terras baixas e os espaços abertos constituem cerca de 514,39 hectares, ou seja, 7,16%, de toda a área do plano. 35,51% da área total do plano de Naharkatia, ou seja, 867,00 hectares, são utilizados para fins agrícolas. A área constituída por espaços abertos e terrenos vagos é de aproximadamente 169,38 hectares, ou 6,94%, de toda a área do plano. Em Namrup, 645,47 hectares, ou seja, 22,76% de toda a área do plano, são utilizados para fins agrícolas. Um total de 1,80% da área do plano, ou 51,19 hectares, é constituído por espaços abertos e terrenos vagos. Um total de 39,01 hectares, ou seja, 1,37% da área do plano, é constituído por massas de água. Na área do comité da cidade, 16,59% da área da cidade de Digboi e 15% da área da cidade de Makum são utilizados para actividades agrícolas. As restantes localidades - Moran, Duliajan, Margherita, Chabua, Doom Dooma, etc. - são tratadas num contexto SIG e RS devido à indisponibilidade de conjuntos de dados para estas localidades. Utilizando técnicas SIG e RS, foram calculados individualmente os dados necessários sobre a utilização do solo em zonas residenciais, massas de água, etc. A área povoada de Chabua representa 66,4% de toda a superfície terrestre. Cerca de 7,2% e 26,4% da superfície total do território são constituídos por zonas agrícolas e florestais, respetivamente. 48,3% do território de Doomdooma é dedicado à habitação humana. 32,2% do território é utilizado para a agricultura, 4,45% para as florestas e 4,12% para o espaço livre. A área total do comité da cidade é composta por 10,96% de jardins de chá. Sessenta e três por cento da superfície da cidade de Margherita é utilizada para povoamento. 8,1% do território está coberto de floresta, 7,4% é constituído por plantações de chá e 6,2% por terrenos agrícolas. As massas de água cobrem 9,1% da superfície terrestre e os terrenos abertos cobrem 6,3% da superfície terrestre, respetivamente. Em Duliajan, 0,92% das terras são utilizadas para a agricultura. Cerca de 4,21% da área é constituída por áreas abertas e terrenos baldios. As massas de água representam 0,54% da superfície, enquanto as povoações representam 78,9%, as florestas 9,34% e os jardins de chá 6,1%. A área terrestre da cidade de Moran está dividida da seguinte forma: 81,9% é utilizada para povoação, 13,8% para floresta, 1,6% para agricultura, 0,28% para massas de água e 1,72% para espaço aberto.

CAPÍTULO VII

O PLANEAMENTO, O DESENVOLVIMENTO E O IMPACTO AMBIENTAL

IMPACTO AMBIENTAL DOS CENTROS URBANOS

Introdução:

Quando se refere a uma cidade, o termo "planeamento" tem significados distintos (Shankar, 2001). Este tipo de planeamento é conhecido como planeamento espacial, por vezes conhecido como planeamento urbano ou planeamento urbano e regional, e não planeamento de sectores económicos. Trata-se de um processo dinâmico que visa tornar as comunidades e os indivíduos mais confortáveis, equitativos, saudáveis, produtivos e apelativos, tanto para a geração atual como para a seguinte. A capacidade de qualquer cidade para se expandir, prosperar e apoiar os seus residentes e empresas depende em grande medida do seu planeamento. As comunidades que oferecem melhores opções para onde e como as pessoas vivem são facilitadas por comunidades bem planeadas. As comunidades podem antecipar melhor o seu futuro através do planeamento.

Ajuda-os a encontrar o equilíbrio ideal entre a mudança inventiva, a preservação ambiental e o novo desenvolvimento, mantendo simultaneamente os serviços críticos. O planeamento tem em conta as exigências ambientais e humanas, a fim de aumentar o potencial de desenvolvimento. O processo de planeamento de uma cidade implica um conhecimento profundo das necessidades da cidade, do seu carácter e da utilização óptima do território. É semelhante a encorajar o desenvolvimento, pondo os planos em ação e transformando a cidade numa cidade planeada sem afetar os elementos naturais da área circundante.

Assam e o planeamento urbano na Índia:

A Índia é uma nação em rápida evolução e o desenvolvimento das suas cidades, vilas e bairros depende em grande medida do planeamento urbano. Não só na Índia, mas em todo o mundo, a profissão de planeamento enfrenta desafios significativos devido à expansão da população, à urbanização e à sustentabilidade ambiental. A disponibilidade de equipamentos e instalações públicas nas cidades indianas tem sido gravemente afetada pelo rápido crescimento da população urbana do país, e muitas regiões metropolitanas estão atualmente a sofrer uma escassez de habitação.

Em 9 de junho de 2002, os antigos departamentos de planeamento urbano e rural e de administração municipal de Assam foram reunidos para formar o departamento de desenvolvimento urbano. Este departamento está dividido em quatro departamentos: o Conselho de Habitação do Estado de Assam, o

Conselho de Água e Esgotos Urbanos de Assam e a Direção de Planeamento Urbano e Rural. Estes departamentos supervisionam as operações dos organismos locais urbanos do Estado, com exceção da Corporação Municipal de Guwahati. A coordenação entre as autarquias locais urbanas do Estado e o cumprimento dos deveres previstos na lei municipal de Assam de 1956 constituem as principais funções deste departamento.

Região dos distritos de Tinsukia e Dibrugarh Na categoria de planeamento urbano:

Situação do planeamento e da execução:

A maioria dos programas do Departamento de Desenvolvimento Urbano (UDD) é executada pelas Autoridades de Desenvolvimento, pelas Divisões de Drenagem do Planeamento Urbano e Rural (Guwahati e Tinsukia) e pelos Organismos Locais (Comités da Cidade ou Conselhos Municipais). A Direção do Planeamento Urbano e Rural, Assam, supervisiona e facilita a execução destes regimes através dos seus gabinetes distritais.

i. Gabinetes de planeamento nos distritos: Dos 27 distritos do Estado, 22 têm gabinetes a nível distrital responsáveis pela gestão dos distritos. No âmbito desta Direção, ainda não foram criados gabinetes distritais de planeamento urbano e rural em Hailakandi, Morigaon, Golaghat ou Tinsukia. Além disso, o Engenheiro Executivo supervisiona as duas Divisões de Drenagem e Esgotos em Guwahati e Tinsukia.

O plano diretor final para as cidades de Dibrugarh, Tinsukia, Naharkatia e Namrup, apenas na região dos distritos de Dibrugarh e Tinsukia, foi notificado ao Departamento de Planeamento Urbano e Rural de Assam.

ii Autoridades de desenvolvimento: Para levar a cabo o Plano Diretor e outros programas, foram criadas 24 Autoridades de Desenvolvimento em cada uma das 24 áreas do Plano Diretor.

Execução e administração:

O zoneamento é uma ferramenta utilizada na execução do plano. Serve três funções: (a) gerir a utilização do solo; (b) evitar a sobrepopulação; e (c) estabelecer limites para a utilização de energia, água, esgotos, escolas, auto-estradas e outros serviços urbanos. Atinge os seguintes objectivos: (a) desenvolvimento pacífico da comunidade; (b) bem-estar público geral; (c) erradicação de incómodos; (d) colocação de edifícios que preservem o valor da propriedade.

O zonamento não separa completamente as utilizações do solo. Certas utilizações do solo que se enquadram numa classificação diferente podem ser aceitáveis e benéficas. Lojas de conveniência, salões de cabeleireiro, alfaiates, lavandarias, consultórios médicos, serviços de cobrança de impostos municipais, correios, casas de religião, etc., que estão disponíveis para a comunidade, podem ser incluídos. A existência de um maior número de serviços municipais, de estacionamento, de proteção contra incêndios e de polícia, bem como de uma excelente acessibilidade ao tráfego, são necessários para o negócio e para o núcleo comercial da região dos distritos de Dibrugarh e Tinsukia. Para além dos gases nocivos, do ruído e da vibração, dos resíduos industriais, do fumo, da poeira e da sujidade, dos perigos de incêndio, dos transportes, do tráfego e das questões estéticas, as cidades industriais como Digboi, Duliajan e Namrup também sofrem as consequências psicológicas das suas indústrias.

Devem ser designados separadamente e são tão extremamente combustíveis que nem sequer deveriam ser permitidos numa área metropolitana típica devido às suas emissões venenosas. Na região dos distritos de Dibrugarh e Tinsukia, o zonamento também é utilizado para regular a densidade populacional e evitar a sobrepopulação, porque a sobrepopulação está diretamente relacionada com a preservação da saúde pública, a segurança pública, a moral e o bem-estar geral. Para além de controlar as utilizações do solo e definir restrições de altura e dimensões mínimas dos lotes em percentagem da área construída, o zonamento também pode ser utilizado para salvaguardar locais culturais ou históricos, agricultura, florestas, habitat animal, atratividade paisagística e gestão de inundações.

As leis de zonamento do Plano Diretor de Dibrugarh aderem aos regulamentos uniformes de zonamento que foram autorizados e anunciados pelo governo em 16 de dezembro de 2000, através do Aviso Governamental No. 226 Dispur, e que foram publicados na Gazeta Extra Ordinária de Assam no mesmo dia. Sem a aplicação dos planos de planeamento urbano e dos regulamentos de ordenamento, o Plano Diretor e os regulamentos de ordenamento das cidades de Dibrugarh e Tinsukia (Figs. 7.4 e 7.5) não melhorariam a qualidade de vida urbana. Os habitantes da cidade também desempenham um papel significativo no desenvolvimento e renovação de um centro urbano, construindo novas estruturas, reconstruindo as antigas e desenvolvendo terrenos no sector privado. Por conseguinte, a participação dos cidadãos é essencial para o êxito do plano. A coordenação entre as várias entidades envolvidas no desenvolvimento de Tinsukia é outra componente crucial da execução do plano. A autoridade de desenvolvimento de Tinsukia foi criada em 1963, em conformidade com as disposições da lei de planeamento urbano e rural de Assam, de 1959. Tinsukia está a desenvolver-se muito rapidamente, pelo que a autoridade de desenvolvimento deveria trabalhar mais para acompanhar a velocidade do crescimento. O Plano

Diretor de Dibrugarh e o Regulamento de Zonagem contêm programas políticos abrangentes para o desenvolvimento da área do Plano Diretor de Dibrugarh até 2021. O Assam Town and Country Planning Act 1959 (alterado) servirá de base para a administração deste plano.

Planeamento do desenvolvimento, Autoridade de Desenvolvimento Municipal:

O Município é atualmente a mais importante instituição de governo autónomo local nas áreas metropolitanas. Hoje em dia, os Conselhos Municipais desempenham responsabilidades críticas em matéria de comunicação, saúde pública, bem-estar, funções reguladoras, segurança pública, projectos de infra-estruturas públicas e desenvolvimento urbano. A região dos distritos de Dibrugarh e Tinsukia tem duas juntas municipais: Dibrugarh e Tinsukia. O Conselho Municipal de Dibrugarh é o mais antigo da região. Dibrugarh e

As autoridades de desenvolvimento de Tinsukia foram criadas em 1963 e 1986, respetivamente, ao abrigo das disposições da lei de planeamento urbano e rural de Assam, de 1959 (alterada), e das regras nela estabelecidas. O principal objetivo e função das autoridades é incentivar o crescimento planeado da cidade e controlar o desenvolvimento através das disposições dos regulamentos de zonamento publicados pelo governo, a fim de obter um desenvolvimento equilibrado na área do plano diretor para Tinsukia e Dibrugarh, de modo a que as cidades possam. De acordo com as disposições da lei e das regras do planeamento urbano e rural de Assam, ninguém pode utilizar qualquer terreno, subdividir qualquer terreno por transferência, doação, venda, partilha ou qualquer outro meio, ou construir uma nova estrutura em qualquer terreno abrangido pela área do plano diretor sem a aprovação prévia da autoridade. Além disso, quaisquer alterações à estrutura atual, como a atribuição de materiais e a renovação, devem ser aprovadas pela Autoridade. As autoridades de desenvolvimento não só acompanham as actividades de desenvolvimento na área do plano diretor, como também planeiam o desenvolvimento de algumas áreas sob o seu controlo direto. Trabalha em zonas tanto dentro como fora da área do município. As zonas de Milan Nagar, Mankata, etc., em Dibrugarh, Chalihanagar, Bordoloinagar, Napukhuri, Hijuguri, etc., em Tinsukia, são algumas das zonas desenvolvidas pelas autoridades de desenvolvimento. Estas autoridades regulam a aquisição de terrenos e a construção de edifícios em conformidade com as disposições legais.

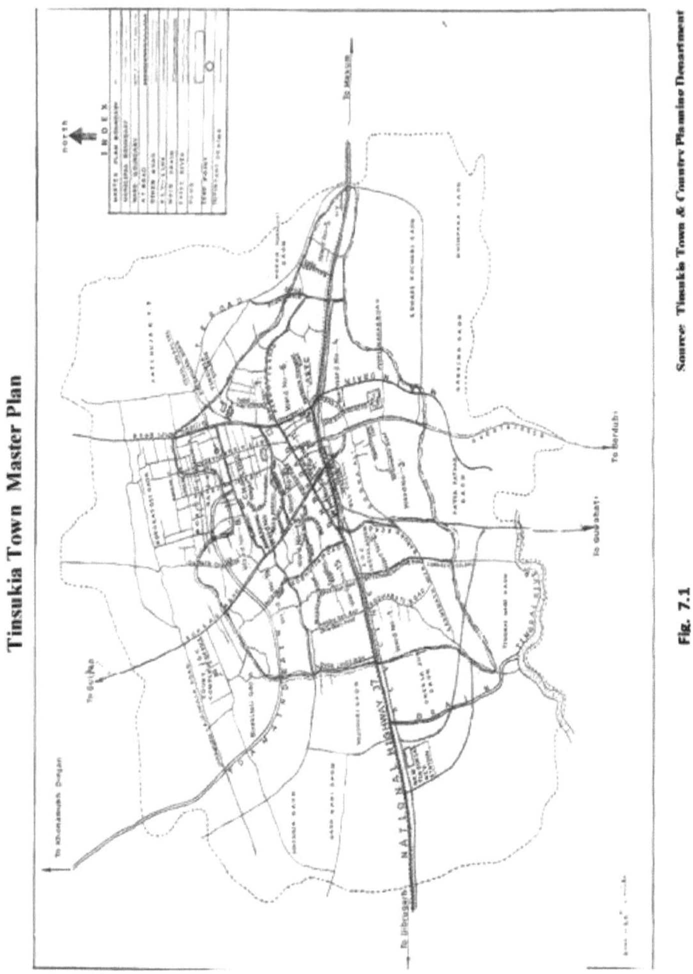

Fie. 7.1

Planeamento da drenagem e dos esgotos:-

O planeamento da drenagem e dos esgotos foi realizado nas cidades de Tinsukia e Dibrugarh, onde a drenagem existente foi alargada e foram propostas novas drenagens. Em consequência, foram propostas redes de drenagem para ambas as cidades, tendo em conta as estradas, a geomorfologia, o declive e a situação climática. A principal tarefa do plano de drenagem é construir drenos principais que se liguem a subdrenos de acordo com a área de captação designada e demarcada. Tinsukia tem duas bacias hidrográficas principais, cada uma com a sua própria sub-bacia, e

Dibrugarh tem três bacias hidrográficas. Assim, os esgotos e as redes de drenagem permitem que as águas urbanas escoem facilmente sem causar congestionamentos de drenagem. Mas o congestionamento das drenagens é um problema importante nas áreas metropolitanas, nomeadamente em Dibrugarh. Tinsukia está igualmente à frente na lista de cursos, mas a implementação adequada baseada num planeamento científico ainda não foi concluída tanto em Tinsukia como em Dibrugarh.

Planeamento da utilização dos solos:-

Os mapas de zonamento descrevem claramente os lotes ou parcelas de terreno para cada categoria de uso do solo. Por conseguinte, sem a produção e adoção de mapas de ordenamento, o ordenamento não pode ser aplicado (Das, 2007). Cada categoria de uso do solo tem caraterísticas e implicações ambientais únicas. Consequentemente, é necessário separar os usos do solo; assim, justifica-se o zonamento. A utilização dos solos determina a inter-relação das actividades funcionais. A cidade de Tinsukia reservou um total de 2350,28 hectares para desenvolvimento residencial, a fim de apoiar uma população projectada de cerca de 1,5 lakh pessoas. As zonas residenciais serão criadas sob a forma de apartamentos autónomos com acesso a todas as instalações comunitárias, serviços e centros de trabalho a uma distância razoável. No entanto, este ambiente perfeito nem sempre pode ser alcançado porque a maior parte da cidade já está estabelecida. O plano prevê uma hierarquia de centros comerciais que serão distribuídos uniformemente pelas regiões de planeamento de Tinsukia. A atual zona central continuará a ser o principal centro da cidade e prevê-se aliviar a pressão adicional sobre a zona central. A região central já está congestionada, pelo que qualquer desenvolvimento irá agravar o problema do tráfego. A área proposta para o Plano Diretor de Dibrugarh abrange uma área de aproximadamente 7182,69 hectares (71,83 km2), dos quais cerca de 4085,40 hectares (56,88% da área total) deverão ser urbanizados até 2021 para uma população projectada de 282541 lakhs (Fig. 7.2), e várias zonas estão a ser consideradas para desenvolvimento nos próximos dias.

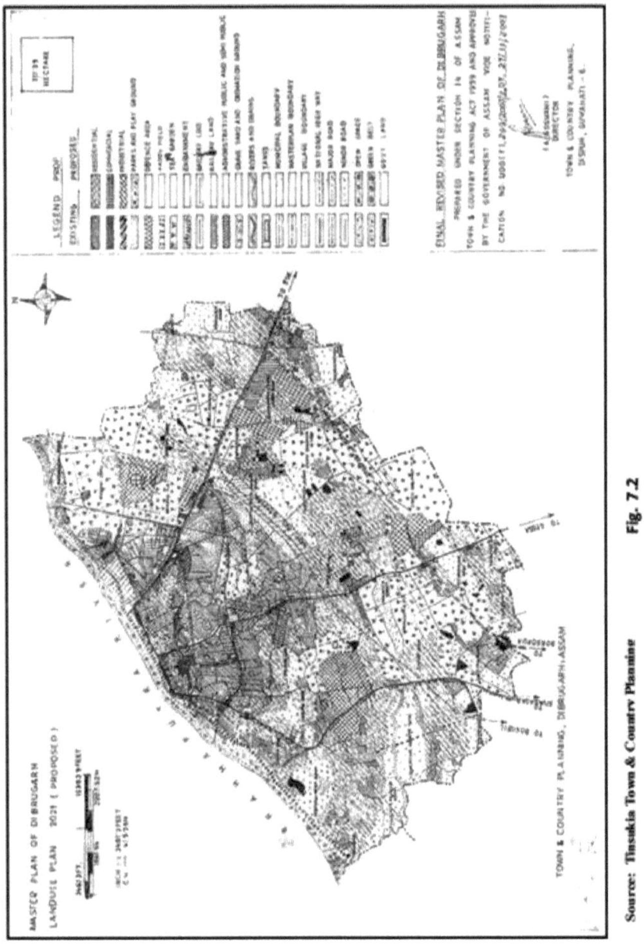

Fonte: Planeamento urbano e rural de Tinsukia

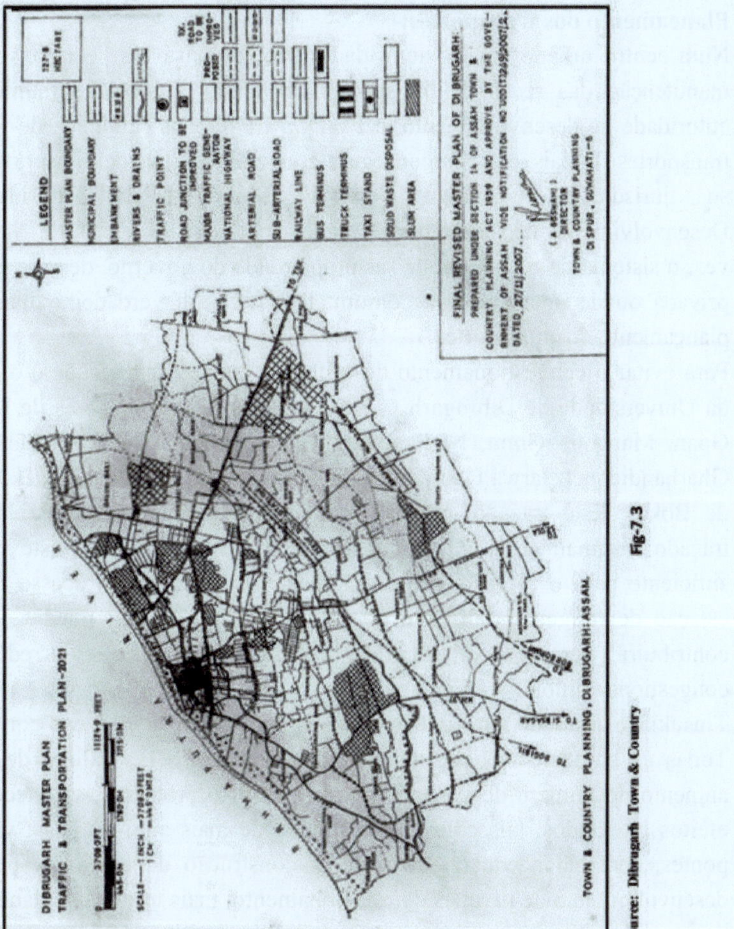

Source: Dibrugarh Town & Country Planning

Fig-7.3

Planeamento dos transportes:-

Num centro urbano, várias autoridades são responsáveis pela construção e manutenção das redes de transportes, incluindo o conselho municipal, a autoridade de desenvolvimento, a PWD, a CPWD, os caminhos-de-ferro, os transportes fluviais, etc. Por conseguinte, operam na rede de transportes sob a sua jurisdição. Assim, o Conselho Municipal da Autoridade de Desenvolvimento não pode criar o sistema de trânsito por si só. Mais uma vez, o sistema de trânsito pode ser propriedade do governo, de uma empresa privada ou de uma empresa comum. Isto retrata a verdadeira imagem do planeamento dos transportes.

Para evitar o congestionamento do tráfego e atravessar a cidade e o campus da Universidade de Dibrugarh, a N.H. 37 será desviada através de Dainijan Goan, Mancotta Grant, Nizkhanikar, Chotobogpara Grant, Kuchiakhana e Gharbandichuck Jarwa Gaon antes de se encontrar com a atual N.H.37 perto de Bokul. Este traçado apresenta as seguintes vantagens em relação ao traçado original: (i) o custo de aquisição é inferior, (ii) existe margem suficiente para o alargamento da estrada, (iii) permitirá o acesso direto à estação de triagem proposta e aos blocos industriais das imediações, (iv) contribuirá para a expansão da cidade para sul e (v) reduzirá o congestionamento do tráfego no centro da cidade (Fig. 7.3).

Tinsukia e Makum têm ambas uma via de circunvalação em construção. Todas as comunidades registam congestionamentos de tráfego devido ao aumento do número de veículos. Para resolver o problema, são necessários efeitos integrados, tais como a construção de mais auto-estradas, viadutos, pontes, controlo adequado do tráfego, construção de caminhos pedonais, desenvolvimento de parques de estacionamento, mais terminais, planeamento de controlo adequado, etc., para o desenvolvimento do tráfego na cidade. No que respeita ao desenvolvimento dos caminhos-de-ferro, a autoridade deve tomar as medidas adequadas.

Problemas de planeamento urbano

A aparência física das cidades, bem como a forma de organizar as várias caraterísticas, são frequentemente consideradas pelos planeadores urbanos. Na realidade, o planeamento urbano preocupa-se principalmente com a forma interna, a estrutura, a função e o aspeto dos locais urbanos. As caraterísticas físicas, tais como edifícios, estradas, uso do solo, etc., são vitais no planeamento urbano; no entanto, as variáveis sociais, económicas e técnicas também devem ser consideradas, a fim de estabelecer uma atmosfera saudável na cidade ou vila. Para além desta questão, há vários factores que impedem o processo de planeamento.

i. Controlo individual ou pequenas parcelas de terreno:

Dentro dos limites da cidade, nos centros urbanos da região dos distritos de Dibrugarh e Tinsukia, tanto o governo como os particulares, incluindo pessoas, podem possuir terrenos sob a forma de habitações, lojas, indústrias, centros comerciais, centros recreativos e terrenos vagos. O governo possui geralmente as restantes terras como propriedade pública. Pode assumir a forma de estradas públicas, parques, parques infantis, escolas, edifícios governamentais, caminhos-de-ferro, instalações recreativas comerciais ou terrenos baldios.

Plano diretor de zonagem de Tinsukia

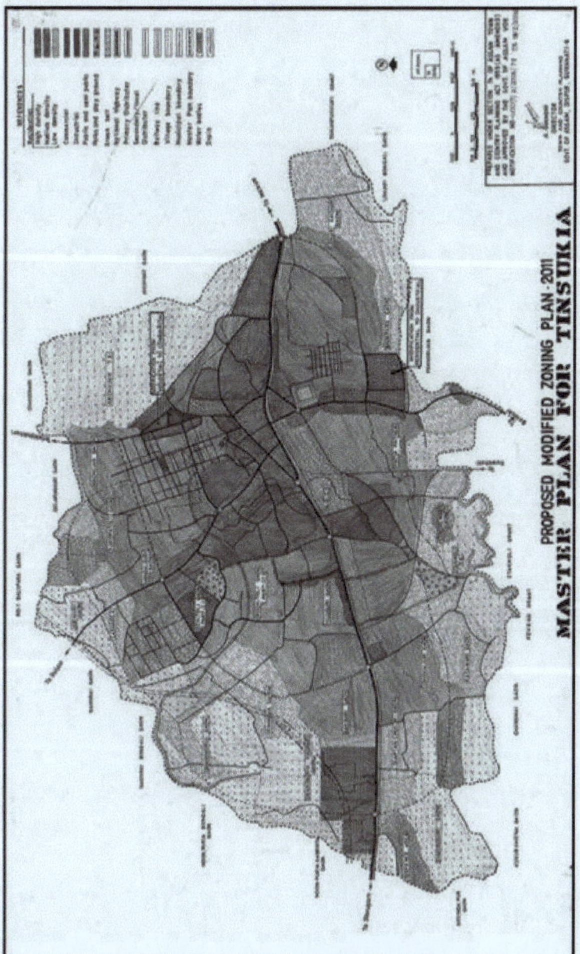

Fig.8.1

Source: Tinsukia Town & Country Planning Department

Fonte: Departamento de Planeamento da Cidade e do País de Tinsukia

DIBRUGARH
ZONING PLAN
2021
N
S
E
W
LEGEND
SCALE 1:20000
Town & Country Planning, Assam

Fig 8.2

ii. Fronteiras políticas arbitrárias:

Para desenvolver eficazmente as cidades, é importante encará-las como uma unidade natural e não como fronteiras políticas arbitrárias. Um plano aceitável inclui não só a região construída da cidade ou vila, mas também partes do interior desocupado que devem ser governadas para garantir um crescimento futuro ordenado da cidade ou vila e uma proteção razoável da sua população. Por conseguinte, estão a ser elaborados planos diretores para as zonas circundantes. Com exceção de Dibrugarh e Tinsukia, a maior parte da cidade não dispõe de um plano diretor.

iii Irregularidade da consideração dos elementos ambientais:

Cada cidade tem um enquadramento ambiental distinto, incluindo colinas, vales, rios e outros elementos físicos que distinguem uma cidade de outra. Uma vez que um desenho urbano eficiente deve ter em conta todas estas caraterísticas distintivas, o plano concreto de cada cidade ou vila é único.

iv Património da construção do passado:

As cidades desenvolveram-se sem a supervisão inicial de planos municipais abrangentes. Algumas podem expandir-se como planeado, mas ultrapassaram os seus planos iniciais. Como resultado, a maioria dos planeadores urbanos trabalhou em grande parte em regiões urbanas densamente povoadas com padrões bem estabelecidos de ruas, linhas de transporte e edifícios. Nestas condições, o seu trabalho tem sido severamente dificultado e influenciado por um legado quase esmagador de construções anteriores. No entanto, o passado da cidade ou vila pode não satisfazer as necessidades actuais. Assim, o passado apresenta grandes desafios para o planeador. Dibrugarh é um exemplo desta evolução.

No entanto, os progressos são contínuos, tendo em conta tanto o passado como o presente.

V. Antecipação de mudanças futuras:

O planeador urbano não pode prever todas as mudanças futuras que podem afetar a cidade. No entanto, ele pode prever algumas das mudanças e planear em conformidade. Estes planos podem revelar-se inadequados a longo prazo. Consequentemente, um planeador enfrenta desafios extraordinários na antecipação das necessidades futuras em relação à estrutura espacial da cidade. As regiões separadas de Dibrugarh e Tinsukia não atingem esse nível de planeamento: a urbanização estagnada da região nos últimos dias é vitalmente necessária e tem prioridade máxima para quebrar o ciclo de estagnação do desenvolvimento rápido.

Impacto ambiental dos centros urbanos:

Os principais problemas ambientais urbanos dos centros urbanos da região dos distritos de Dibrugarh e Tinsukia são: i) escassez de água; ii) escassez de habitação; iii) estradas congestionadas na zona central das cidades; iv) poluição do ar, da água e sonora; v) elevada densidade de zonas residenciais; vi) falta de zonas comerciais organizadas e de centros comerciais com instalações de estacionamento e armazenamento suficientes; vii) drenagem e esgotos inadequados; viii) problemas de bairros degradados; ix) pontos de desenvolvimento ou de recursos reduzidos; x) disponibilidade de terrenos, etc.

A avaliação do tráfego revelou que o tráfego misto em todas as auto-estradas agravou o congestionamento do tráfego em Dibrugarh. Durante as horas de ponta, a estrada da estação, perto do mercado de Khemka, é a que pode receber o maior número de veículos por hora. Todos os dias, cerca de 37 000 carros circulam e passam pela cidade. Os níveis de poluição sonora variam entre 85 e 95 dB durante as horas de ponta. Em Tinsukia, a A.T. Road (autoestrada nacional) é a estrada mais movimentada da cidade, transportando tanto o tráfego de passagem como o tráfego local. A má manutenção, a invasão da estrada, o estacionamento à beira da estrada e outros factores agravam o problema. As outras estradas principais são a estrada de Rangagora e a estrada para Bordubi. As regiões propensas a acidentes são Sibdham, Dhekiajuri, G.N.B. Road, Makum Road e Hijuguri. A poluição atmosférica e sonora nas estradas principais é causada pela descarga de gases de escape e pelas buzinadelas dos veículos ligeiros e pesados. A poluição resultante da descarga de efluentes e da eliminação de esgotos é visível nos afluentes do rio Brahmaputra, incluindo o Maijanghat em Dibrugarh, o Burhi Dihing em Margherita e o rio Digboi em Digboi.

A qualidade do ar ambiente (média anual) observada em Dibrugarh (edifício do Conselho de Administração) durante 78 dias em 2007 revela que o SO^2 varia entre 3,79-6,23, o NO^2 entre 10,02-12,69, o RSPM entre 36,94-102,57 e o SPM entre 63,69-154,50, respetivamente. A tabela seguinte mostra a qualidade da água do rio Brahmaputra em diferentes locais com base em dados de monitorização mensais.

Tabela-7.1

Distritos de Dibrugarh e Tinsukia Região

Qualidade da água dos afluentes do Brahmaputra e de outros rios

Localização	PH	Condutância (umho/cm)	D.O. (mg./I)	CBO (mg./L)	Nitrato (N.mg./)	Coliformes totais (mpn/100ml).	Fecal Coliformes (mpn/100ml)
Maijan em Dibrugarh	6.6 7.6	111-227	6.8 10.2	0.2-2.5	0.10-10	730-9300	300-4300
Digboi Rio	6.1 7.6	205-322	6.8 8.7	0.6-4.4	0.10 0.10	Nil-240000	Nil-240000

Buridihing Rio próximo Duliajan	6.34 7.97	204-356	6.3 8.9	0.4-2.3	0.10-1.0	Nulo-1500	Nil-730
Buridihing em Margherita	6.6 7.5	146-260	6.4 8.2	0.5-7.9	0.1-1.0	730-2800	360-1500

Fonte: Statistical hand book, ASSAM, 2006, 2008

DO = Oxigénio dissolvido

CBO = Carência biológica de oxigénio

As águas subterrâneas na secção Maijan do Brahmaputra e nas suas imediações degradam-se devido à eliminação de águas residuais nas cidades, hospitais e efluentes industriais, à limpeza de veículos, aos ghats balneares e à lavagem de dhobi. Dibrugarh não dispõe de um sistema de gestão de esgotos ou de resíduos sólidos. O sistema é apoiado por fossas individuais e latrinas sanitárias. O conselho municipal de Dibrugarh transporta os resíduos por camião para a zona de Maijan, perto do rio Brahmaputra. A cidade de Naharkatia também não dispõe de um sistema de gestão de resíduos sólidos. Atualmente, uma quantidade limitada de resíduos da cidade é depositada em Sukapha Bhawan, na margem do rio Buri Dehing. Em Tinsukia e Namrup, a maior parte do lixo diário da cidade é depositada em complexos pessoais ou em espaços abertos, sobretudo ao longo do rio Tinrai, em Tinsukia. Dibrujan, Grahambazar, Khalihamari, Loohit Nagar e South e North Milan Nagar são as localidades mais gravemente danificadas. O esgoto de proteção da cidade atravessa o centro da cidade e desagua na ribeira de Rajabheta, a cerca de 5 quilómetros de distância; transborda durante as estações chuvosas e as chuvas fortes. Um segundo coletor principal transporta a água de

East-West e Central Chowkidingee e Santipara Wards para o esgoto de proteção da cidade. Este esgoto também não é adequado para chuvas fortes. O terceiro dreno, o dreno de Rajabheta, necessita de manutenção para aumentar a sua capacidade de descarga.

Apesar de estarem situadas nas margens do rio, as cidades de Dibrugarh, Naharkatia, Margherita e Duliajan não dispõem de sistemas de abastecimento de água canalizada. As únicas fontes de água são os poços tubulares e os poços circulares. Embora os poços tubulares e os poços circulares estejam a funcionar eficazmente, já não podem ser considerados isentos de poluição. Devido ao número crescente de latrinas sanitárias com fossas sépticas e poços de imersão, é provável que os poços tubulares e os poços circulares fiquem poluídos em breve. O abastecimento de água na área da Autoridade de Desenvolvimento de Tinsukia é efectuado através de poços tubulares profundos para satisfazer as necessidades de cerca de 300 pessoas

circundantes, com uma capacidade de 7 500 galões por dia.
A distribuição espacial da densidade habitacional na região dos distritos de Dibrugarh e Tinsukia indica que a parte central das cidades é uma zona de alta densidade, sendo a baixa densidade de até 130 pessoas por hectare e a alta densidade de 250 a 620 pessoas por hectare. Em Nahakatia, a baixa densidade é de 75 pessoas por hectare e a alta densidade varia entre 125 e 225 pessoas. Do mesmo modo, na cidade de Namrup, a baixa densidade é de 100 pessoas por hectare e a alta densidade varia entre 150 e 250 pessoas por hectare. Em Dibrugarh, a densidade habitacional por hectare é elevada no interior no- 2,4,5,6,8,9,13,15,18,19,&22 em Tinsukia,1,2,3,7,9,13&15.
Atualmente, há um total de 10 bolsas de bairros de lata na cidade de Dibrugarh e 21652 pessoas a viver nas bolsas de bairros de lata, de uma população total de 1 22 523 em 2001 na área municipal, ou seja, 17,67% da população total na área municipal, algumas vivem em bairros de lata. A maioria dos bairros de lata da cidade de Dibrugarh fica inundada durante a estação das chuvas, causando graves danos às estradas de kutcha e às estradas de cascalho existentes. Devido ao crescimento demográfico, registou-se um aumento dos bairros de lata perto da cidade de Naharkatia. Estas incluem assalariados diários, grupos de baixos rendimentos, empregados, mendigos, etc. Estas pessoas conseguem ocupar terrenos públicos devolutos, zonas ribeirinhas e terrenos abandonados na estação de caminho de ferro e nas suas imediações, na margem do rio Burhi Dehing da cidade de Naharkatia. A seu tempo, estes abrigos temporários serão convertidos em edifícios permanentes, congestionados e sem condições de higiene. Atualmente, existem 4 bolsas de bairros de lata na cidade de Naharkatia. Em Tinsukia, os bairros 1, 2, 3, 5, 6, 8, 9 e 10 têm bolsas de bairros de lata. As casas são inadequadas para a vida humana devido às suas condições de congestionamento, humidade e escuridão.
Devido às elevadas actividades de construção, à baixa cobertura verde, à elevada densidade habitacional e populacional, à elevada aglomeração urbana e ao congestionamento do tráfego, o microclima é muito afetado no núcleo central das cidades. Verifica-se um aumento da temperatura diurna no centro da cidade. A concentração de dióxido de carbono e de monóxido de carbono é elevada. Esta região tem as cidades mais poluídas, sendo as cidades industriais como Digboi, Duliajan e Namrup as mais poluídas. Devido à refinaria de petróleo de Digboi, os poluentes da água como PH, fenol, sulfureto, bioquímicos, efluentes de óleos e gorduras descarregados em 2009-2010 foram 93744M3. As águas pluviais são descarregadas a céu aberto em Digboi Nollah, na cidade de Digboi. As emissões de NOx e SO2, RPM e

TSPM ocorrem no ar em diferentes direcções. Assim, os problemas paisagísticos e estéticos são muito elevados nestas cidades industriais. Duliajan é também uma cidade movimentada e comercial, pelo que estas poluições afectam gravemente a cidade de Duliajan. Devido a este facto, vários tipos de doenças atacam as pessoas. Esta situação está a aumentar de dia para dia. O projeto Brahmaputra Cracker and Polymer Limited (BCPL), situado em Lapetkata, no distrito de Dibrugarh, está de tal forma construído com betão que não se vê uma única árvore na zona de construção. Apesar disso, o projeto está a desmatar centenas de hectares de plantações de chá para o seu desenvolvimento. Isto tornar-se-á um problema que afecta o ambiente.

Com base na análise acima, recomenda-se que a abordagem de desenvolvimento integrado seja a estratégia para o desenvolvimento global da região. O desenvolvimento de infra-estruturas e de todos os outros requisitos básicos, de acordo com as necessidades de diferentes planeamentos, deve ser assegurado. Para além do desenvolvimento das grandes indústrias, deve ser dada prioridade às indústrias artesanais que utilizam os recursos disponíveis localmente. Também se deve proporcionar formação aos jovens para uma carreira no comércio. O desenvolvimento global de uma região só pode ser impulsionado através do desenvolvimento dos recursos humanos (Das, 2006). Por conseguinte, o planeamento urbano espacial deve ser implementado para garantir que todo o habitat urbano permaneça livre de poluição e se torne uma zona de eco-desenvolvimento.

Apêndice-4.1
Distritos de Dibrugarh e Tinsukia
Valores potenciais entre dois centros urbanos
com base na população urbana com base no modelo gravitacional

N.º de identificação	Urbano Centros	Dimensão da população, 2011	\ sl no-1 Valores potenciais \	2	3	4	5	6	7	8	9	10	11	12
1	Dibrugarh	154019	0	39	26	50	48	79	63	56	80	72	95	103
2	Moran	8445	39	0	65	89	87	118	102	95	119	111	134	142
3	Chabua	18788	26	65	0	24	22	53	37	30	54	46	69	71
4	Duliajan	29350	50	89	24	0	22	26	10	30	54	78	69	77
5	Tinsukia	125637	48	87	22	22	0	48	32	8	32	24	47	55
6	Namrup	15483	79	118	53	26	48	0	16	56	80	112	127	135
7	Naharkatia	18924	63	102	37	10	32	16	0	40	64	96	143	119
8	Makum	16875	56	95	30	30	8	56	40	0	24	16	39	47
9	Digboi	21791	80	119	54	54	32	82	64	24	0	40	15	24
10	Doom dooma	21469	72	111	46	78	24	112	96	16	40	0	55	64
11	Margherita	26913	95	134	69	69	47	127	143	39	15	55	0	9
12	Ledo	11718	103	142	71	77	55	135	119	47	24	64	9	0

$$\text{Gravity Model} = G_{ij} = \frac{QP_iP_j}{D_{ij}} = \text{Potential values}$$

Apêndice-4.2

Distritos de Dibrugarh e Tinsukia

Cálculo do Potencial Populacional dos Centros Urbanos, 2011

Sl n	Centros urbanos	População,0 00	1	2	3	4	5	6	7	8	9	10	11	12
1	Dibr ugar h	154 019	118 48	394 9	592 4	308 0	320 9	195 0	244 5	2750	192 5	213 9	1621	1495
2	Mor an	844 5	216	422	130	95	97	71	83	89	71	76	63	59
3	Cha bua	187 88	338	135	732	366	366	166	237	275	157	183	124	111
4	Duli ajan	293 50	587	330	122 3	419 3	133 4	101 2	225 8	978	917	638	624	524
5	Latas ukia	125 637	261 7	144 4	523 5	571 1	314 09	246 3	359 0	15705	392 6	523 5	2673	2284
6	Na mru p	154 83	196	131	292	534	303	193 5	968	276	254	215	204	182
7	Nah arka tia	189 24	300	185	511	145 6	541	118 3	270 3	440	420	321	315	274
8	Fazer um	168 75	301	178	527	562	210 9	301	392	4219	703	105 5	433	359
9	Dig boi	217 91	421	283	602	105 4	105 4	553	613	1405	421 5	843	2248	1405
10	Doo m doo ma	214 69	298	193	447	467	894	298	364	1342	537	268 4	390	335
11	Mar gher ita	269 13	283	201	379	573	573	354	448	690	179 4	489	5383	2990
12	Led o	117 18	114	82	148	209	213	138	170	249	488	183	1302	2344
Pote ncial em Duas pessoas / ²km.			175 19	753 3	161 50	213 00	421 02	104 24	142 71	28418	154 07	140 61	15380	12362

$$Gij = \frac{Q\ pipj}{Dij}$$

Onde Gij = interação entre (movimento da população, atração potencial) os locais i e j

Pi = população do local i

Dij = Distância entre j e i

Q = Constante

Pj = População do local j

Apêndice-4.3

Distritos de Dibrugarh e Tinsukia
Análise do vizinho mais próximo

Pontos de crescimento	Pontos vizinhos mais próximos	Distância em k.m	Área (km²)	$A=\frac{\sum D}{N}$	$\sum m = \frac{1}{2\sqrt{\frac{N}{Area}}}$ Área	$R_N = \frac{A}{\sum m}$	Observação
1	2	1.8	7171k m²	$A=\frac{35.3}{60}$ =0.588			Distribuição de clusters
2	3	.5					
3	4	.5					
4	3	.5					
5	6	.8					
6	5	.8					
7	8	.4					
8	32	.4					
9	35	1					
10	39	1.2					
11	44	1.5					
12	13	.8					
13	14	.3					
14	15	.3					
15	14	.3					
16	17	1.2					
17	18	1					
18	19	2					
19	18	2					
20	45	1.8					
21	46	.8					
22	21	1.5					
23	24	.8					
24	25	.5					
25	24	.5					
26	27	.5					
27	28	.5					
28	27	.5					
29	52	.5					
30	31	1.5					
31	30	1.5					
32	33	.5					
33	34	.5					
34	33	.5					
35	36	.3					
36	37	.5			$\frac{1}{2\sqrt{\frac{60}{7171}}}$ =5.56	$=\frac{0.59}{5.56}$ = 0.11	
37	38	.8					
38	39	.8					
39	10	1.2					
40	59	.6					
41	42	.7					
42	43	.6					
43	44	.5					
44	11	18					
45	20	2					
46	21	.8					
47	48	.3					
48	49	.5					
49	50	.5					

50	49	.5				
51	52	.4				
52	29	.6				
53	51	.6				
54	55	.4				
55	56	.3				
56	57	.3				
57	58	.4				
58	57	.4				
59	40	.8				
60	30	2				

N = 60

Caraterísticas N. N Índices -
0,1- 1,0=Agrupamento
1.0-2.15= Aleatório
Superior a 2,15= Uniforme

RN=NNS

A=Área do local

m= Distância média prevista do vizinho mais próximo entre os pontos de uma determinada área

N = Número total de pontos de crescimento

D= Distância

Caraterísticas N. N Índices -
1.0=Cluster
1.0-2.15= Aleatório
Superior a 2,15= Uniforme

Armstrong e McGee, T.G. (1986): *Theatres of Accumulation Studies in Asian and Latin American Urbanization*, Methuen, Nova Iorque.

Aurousseau, M. (1924): "Recent Contributions to Urban, Geography : a review", *Geographical Review* 14, 444.

Bala,R. e Dubey, K.N. (1981): "Urban Growth in an Indian State: A Case Study of Rajasthan", 3, *NAGI.*

Baransky, N. (1981): *Trabalhos selecionados em Geografia*, Progresso Editores, Moscovo.

Bartholomew, H. (1955): *Landuses in American Cities*, Harvard U.P., p26. Cambrige.

Barua, B.K. (1969): *A cultural History of Assam.vol-1* -Lawger's Book Stall, Gauhati

Berry B.J.L. (1971) - "Comparative Fatorial Ecology" - *Economic Geography* (Supplement) P. 47.

Berry, B.J.L., e Garrison, W.L. (1958): Alternate explanations of urban rank size relationships. *Annals, Associação dos Geógrafos Americanos*, pp. 83-91

Bhagabati, A.K.e Kar, B.K. (1999): *Survey of Research in Geography on N.E.India* (1979-1990): -Regency Publications, Guwahati.

Bhagabati, A.K, Bora, A.K, Kar, B.K (2001):Geography of Assam,(ed) Rajesh Publications. Nova Deli-2 pp 3,28

Bhattacharya, B. (1979): *Urban Development in India since PreHistoric Times-concept* publishing company, New Delhi.

Bhattacharjya, N.N. - (1976) - Mongoldoi: "A Study in Urban Morphology" in *North Eastern Geographer* Vol, VIII No. 1 e 2 G.U.

Bhattacharyya, N.N. (1980) "Settlement system of N.E. India" in *North Eastern Geographer* Vol XII No. 1 e 2 G.U.

Bhattacharyya, N.N. (1971) "Urban Morphology of Gauhati *North Eastern Geographer* vol 2, No. 2 Guwahati University P.P. 141-150.

Bhattacharyya, N.N. (1981) *Morphology towns of Assam with special reference to the city of Gauhati* : An Analytico synthetic study, Mani Manik Prakash Guwahati.

Bhattacharyya, N.N. (1979): "Central places of Darrang District, Assam" in *The North Eastern Geographer* Vol XI, No1 e 2,1979 G.U.p71.

Bhuyan, S.K. (1949-50): *Relações anglo-assumidas* Estudos históricos e antiquários Gauhati. Assam

Blanchard,R. (1911): *Grenoble: Etude De Geographic Urbanine*, Paris.

Bogue, Donald, J.e Zachariah, K.C. (1962): "Urbanization and Migration" in Roy Tuner's *India's Urban Future* (ed), Oxford Univ. Press. Bombaim

Borah, J. (1985): *Spatial Structure of Urban Influence in the Neighbouring Area of Gauhati*, Inter India Publications, New Delhi.

Borpujari, H.K. (1963): *Assam In the Days of company Historical and Antiquarian Studies* -Gauhati.

Borooah, G.L. (1985) *Population Geography of Assam; A study of Dibrugarh district*, Mital Publications Delhi- P- 119.

Borpujari, H.K. (1986): *Os missionários americanos e o nordeste da Índia (1836-1900 d.C.)* Um Estudo Documental - Editoras Unidas

Distribuidores nos EUA East India Book company

Bose, A-(1973) *Studies in Indian urbanization 1901-1971*, Tata Mac Graw Hill Publishing C.O. Ltd. Bombaim P-3.

Buragohain, P.L. - (1996) *A Study in population Geography,* "The Ahom population of Assam", dissertação de doutoramento não publicada.

Burgess, E.W. (1925): "The Growth of City", em R.E. Park, E.W.Burgress e Roderick, D. Makenjee (ed) Universidade de Chicago.

Burgess, E.W. e R.D.Mackenizie (eds)'s *The city*, Univ. of Chicago Press.

Carter, H. (1974): *O Estudo da Geografia Urbana*, Edward Arnold, Londres P-171.

Censo da Índia (1991): Série -4 Assam, parte -II B *Resumo do Censo Primário, População Geral Castas Registadas e Tribos Registadas* - Diretor de Serviços da Operação Censitária da Índia.

Censo da Índia (1991): Série-4 parte ix-A *Assam, Diretório das cidades* Diretor das operações de recenseamento. Assam.

Censo da Índia 1901-1961 VOI III, Assam parte I e parte II, GI

Censo da Índia 1991, 2001 séries de resumos do censo primário 4 & 19 Assam, GI

Censo da Índia 1971, Série & Assam parte II-A Quadro Geral da População, GI

Recenseamento da Índia 1971 Série 3 Assam parte X-A & Diretório de Cidades. - Distrito de Lakhimpur.

Censo da Índia de 1981 Parte XIII-A Diretório de Aldeias e Cidades - Dibrugarh -XI

Censos da Índia 2011 totais provisórios da população, documento 2, Volume 2 de 2011 Distribuição rural-urbana Série Assam 19

Cenzone, M. R.G. (1960) *The Plan Analysis of an English City Centre*, 'In Norkorg (Ed), Proceedings of I.G.U. Symposium on Urban Geography' e.w.k. Gleerup, Lund.

Champakalakshmi, R. (1996): *Trade, Ideology and Urbanization in South India 300 B.C to A.D.1300*, Oxford Univ. Press.

Chapin, F.S.(1957) Urban Land-use planning, Harper and Brothers, New York,p3

Chandra, A.M. & Ghosh S.K. (2007): *Remote sensing and Geographical information system* -Narosa publishing House. Novo
Deli, Chennai, Mumbai e Calcutá.

Chandna, R.C. (2006): *Geografia do conceito de população Determinants and Pattern-* Por Kalyani publishers.

Chatterjee, S.k (1974): Kirata Janakriti, Gauhati, p35

Childe, V.G. (1950): *The urban revolution.* Revista de planeamento urbano, 21
P 3-17

Christaller, W. (1933): *Central Place in Southern Germany*, Die zentraler orte in Suddeutschland ,Gustav Fischer, Jena.

Cooley, C.H. (1894): "The Theory of Transportation, "*Publications of the American Economic Association.*

Crowe, P.R. (1938): "On Progress in Geography"- *Scottish Geographical Magazine.*

Das, A.K. (2007) : *Urban Planning in India* -Rawat Publications, Jaipur.

Das, M.M. (2006): *Population resources and development a Geographical perspective* -N.E. India Geographical Society EBH Publishers Ghy. p150

Devi, Sobhabati Ch. e Singh R.P. - (1986) - "The Trends and patterns of Urbanization in Manipur" *N-Eastern Geographer* vol 19, No 1 & 2.

Dhillon, S,S & Sing, J.(1991) *Agricultural Geography*, Tata McGraw- Hill Publishing Company Limited p326.

Dickinson, Robert E. (1964):*City and Region- A Geographical Interpretation,* Londres, Routledge & Kegan Paul.

Doniwal, H. K. (2009) *Urban Geography* P-89 Publicado por GNOSIS Delhi-110092.

Dutta & Dutta (1901 Rep 1976) *Assam District Gazetteers*, Guwahati, Assam.

Firey, Walter (1947): *Land Use in Central Boston, Combridge*, Harvard University Press.

Gallion, A.B. (1963): *The Urban Pattern*, New Jersey: Van Nostrand.

Garrison, W.L. - (1965), *Applicability of Statistical Influence to Geographical Research*, Geographical Review. P- 427-429.

Garniner, J.B, Chabot, G (1967) *Urban Geography,* Longman Group Ltd, London, P288.

Ghosh, A. (2003 ed): *Urban Environment Management local Government and Community Action. e Ação Comunitária. Urban studies series no -*

7. publicado para o Instituto de Ciências Sociais & Friedrich Ebert stfitung - Concept Publishing Company New Delhi-110059. p138

Ghosh, S.K. & Chandra, A.M. (2007 Rep) *Remote Sensing and Geographical information system* -Narsa Publishing House New Delhi, Chennai, Mumbai, Kolkata.

Ghosh, Sumita (1998): Introduction to Settlement Geography -Orient Longman Limited -17 Chittaranjan Avenue Calcutta.

Gibbs, Jack, P. (ed) (1961): *Urban Research Methods,* Princeton, D.Van Nostrand Co. P100

Gilmore, H.W. (1953): *Transportation and the Growth of Cities*, Gleneoc Illinois, The Free Press.

Goode, J. William, Paul K. Hatt (2006): *Métodos de investigação social* - Publicações Surjeet

Goswami, P.C. (1994): *The Economic Development of Assam* - Kalyani Publishers Ludhiana-New Delhi.

Gottmann, J. (1961): "*Megalopolis*", The MIT Press, Cambridge, Massachusetts.

Gould, P.R. e White R. (1974): *Mental Maps*, Penguin Books Harmondsworth.

Governo de Assam, Statistical Hand Book, Assam (2006, 2008): Direção de Economia e Estatística Guwahati.

Governo de Assam, The Assam Gazette (1993, 2007, 2010): Departamento de Desenvolvimento Urbano.

Governo da Índia (1976, Rep.1999): Registo da Índia, vol. A, Assam Estado Distrito de Lakhimpur pp 109, 231, 481.

Gugler, J. (1988) - *A urbanização do Terceiro Mundo* - Oxford Imprensa universitária

Gupta, G.R. (1983): *Main Currents in Indian Sociology VI Urban India.*Vikash Publishing House Pvt.Ltd.

Guha,B.S.& Phadke,V.S.(2007): *Urbanisation, Development and Ambiente*. Publicações Rawat, Jaipur. pp 88-93

Hall, T. (1998): *Urban Geography* routledge contemporary human geography series-Routledge 11 New fetterlane, London C 4P 4EE.

Harris, C.D e Ullman, E.L. (1945): The Nature of Cities. *Annals, Academia Americana de Ciências Políticas e Sociais*.

Herbert, D.T. (1972): *Urban Geography,- A Social Perspective*, David and Charles, Newton Abbot.

Hassert, K (1907): Dte Stadte Geographical Betrachect, Leipzig.

Herbert, D.T e Johnston R.J. (1978): *Geography and the Urban Environment*

progress in Research and Applications. Thomson Press (India) Limited New Delhi e Impresso e encadernado na Grã-Bretanha pela Pitman Press ltd. Bath.
Huggett, J. Richad & Meyer, J.R (1981): *Geography: Theory in Practice Book one Settlements* -Harper & Raw Publishers
Hunter, W.W. (1879): *A statistical account of Assam* VOL II B.R. Publishing corporation, Delhi 1975 (Rep) - P-364.
Hoyt, H. (1939): *The structure and Growth of Residential Neighbourhoods in American Cities.* Federal Housing Administration, Washington.
Hurd, R. (1903): "Principles of City land Values", *New York Record and Guide.*
Jadav C.S. (1986) - *New Diretions in urban Geography.* "Perspectivas em Geografia Urbana volume I" Editora Concept - Nova Deli
Jha, V.N. (2006): *Small Towns and Regional Development,* Rajesh Publications, New Deldhi-110002 p152
Johnson,W.(1971):*Urban Residential Pattern*, Bell, Londres.
Kalt, C Neil & Sheldoms (1976): *Urban Problems: Psychological inquiries readings and* test-zalkind baruah College,city University of New York. Com um prefácio de Tinothy W Castello-New York,Oxford University Press
Knowles, R & Wareing, J (1976): Geografia Económica e Social, Rupa & Co,
Krishan,G. (1979): *Urban Geography-A Survey of Research in Geography,* I.C.S.S.R, Allied Publishers, Bombay.
Lynch, K. (1960): *Image of the City*, Massachusetts, Cambridge.
Le Corbusior, (1947) Concerning Town Planning, (Trans) C.Entwistle, Architectural Press, Londres.
Mahmood, A.(1986) : Statistical Methods in Geographical Studies (ed),Rajesh Publications, New Delhi-110002
Mandol R.B. e Peters G.L.(1988) - *Urbanization and Regional Development.* Concept publishing Company New Delhi.
Mayer, Harold M. e Clyde, F. Kohn (1967): *Readings in Urban Geography* (ed), Central Book Depot, Allahabad
Misra, R.P. (1998): *Urbanization in India*, Regency Publications.
Mitra, Asok (1967): Internal Migration and Urbanisation in India, Gabinete do Conservador-Geral, pp.36-81.
Mudiar, K.K e Das M.M. (1978) - "Spatio temporal charge in the socio cultural level in Assam". - The North Eastern Geographer - Vol X No 1 & 2.
Murphy, R.E. (1966): *The American city:-An urban Geography*, Mc Graw Hill Book, company, New York, P 369.
Nelson, Howard J. 1955. - *"Uma classificação de serviços das cidades*

americanas". Economic Geography Vol - 31.

Northam, R.M.(1975): *Urban Geography*, john wiley and Sons, New York, P.254

Olsson, Gunnar (1940): "Estocolmo - sua estrutura e desenvolvimento", *Geographical Review*, Vol-30.

Pemberton, R. B (1832): *The Eastern Frontier of British India* (suplemento), The Government of Assam in the Department of Historical and Antiquarian Studies, Gauhati, Assam. I.D. Press, Calcutá-6

Phadke, V.S, e Guha S.B. (2007): *Urbanization, development and Environment (ed)-Rawat* publications.

Prasad, B.K. (2003): *Urban Development: A New perspective* -Sarup and Sons. Nova Deli -11002

Rai, R.k ; Singh, Surendra ; Nayak, D.K.and. Mipun, B.S.(2001) (ed) :*Environment Resources and development.-The* Geographical society of North-Eastern Hill Region (India) dept of Geography N.E. Hill University of Shillong -14.

Ramachandran, R. (1999): *Urbanization and Urban Systems in India,* OUP, New Delhi.

Ramakrrishna, G. (1999) "Urbanization and Economic Growth in India" in *Indian Cities Towards next millennium,* Rawat Publication New Delhi. PP 101-108.

Rao, R.& Simhadri, S(1999 eds) :*Indian Cities Towards next millennium* Rawat Publications,Jaipur-302004 pp133-143-184-197

Rao, V.L.S.P. (1964): *Towns of Mysore* -State Bombay Asia publishing House.

Richard, A (1942): "Elements in Urban Fringe Pattern", *Journal of Land & Public Utility Economics,* vol, xviii, pp. 169-83

Robinson, W.A (1841, 1875 Rep.): *Descriptive Account of Assam,* Sanskaran Prakashak, Delhi .

Sankar, U. (2001): *Population Pattern and Urban Development* - Rajesh publications-New Delhi-12 Stamford p72

Sharma, H.N.(1978): "Urban growth and spatial pattern of urban development in the Brahmaputra valley Assam". *North Eastern Geographer* Journal of the N.E. India Geographical Society VOL X I No. 1 & 2 P- 31

Sharma, M.C. (1982): *Structural Analysis of the City of Gauhati-A Geographical Study (Análise estrutural da cidade de Gauhati - um estudo geográfico*), Naya Prakash, Calcutá.

Sharma, S. (2002): *Social Transformation in Urban India*, Dominant Publishers and Distributions, Nova Deli.

Siddhartha, K. e Mukherjee, S. (2006): *Cities, Urbanizations and Urban Systems,* Kisalaya Publications, Delhi. p1
Singh, Kh.Y (1982) *"Imphal A Study in Urban Geography"* (*Imphal: um estudo de geografia urbana*)
Dissertação de doutoramento não publicada, G.U.
Singh, M.B. (1981) - Imphal 'A Study on urban geography unpublished Ph.D. Dissertation Utkal University, Bhubaneswar.
Singh, D.K. (1971) "Dibrugarh and its Environs A Study in Quantitative Analysis of the Urban landscape of the Region" unpublished Ph.D. Dissertation G.U.
Singh, B. (2007): *Urban Geography with Special Reference to Patiala,* Rajesh Publications, New Delhi.110002.pp 85,98
Singh, L. (2010): *Environmental Geography (ed)-A* PH publishing corporation New Delhi-110002.
Sing,L.R.(2005):*Fundamentals of Human Geography-Sharda* Pustak Dahwan, Allahabad.
Sing, R.Y. (2002): *Geography of Settlements.* Prem Rawat para Rawat Publications-Jaipur.
Singh, U.B (1999): *Urban Governance in North Eastern Region,-* Gayan publishing House.New Delhi -110002.
Smails, A.E. (1946): The Urban mesh of England and Wales. *Transactions and Papers, Institute of British Geographers*,101.
Smails, A.E. (1967): *The Geography of towns,* Londres. P84
Smith, R.M.T. (1965) "Method and purpose in Functional Town Classification". Anmals of the association of American Geographers P- 539-548.
Sudhir, H. (2009) ed: *Urbanization in North East India. Issues and Concerns.* - Editora Akansha. Nova Deli -12.
Swain, A.K. D.C. (2005): *A Textbook of Population* Studies-Kalyani publishers-New Deldi-110002.
Taher e Ahmed (2001) - *Geography of N.E. India* - Mani Manik Prakash Guwahati.
Thampson (1972) "Preface to urban Economics". New York. Johns Hopkins.
Ullman, E.L. (1985). *The nature of Cities*, "Anmals, American Academy of Political and Social Science". P - 7-17.
Taneja,K.L (1971) *"Morphology of Indian cities"* National Geographical society of India, Varanasi, p.145
Verma, L.N. (2006): *Geografia urbana*, publicação Rawat, Jaipur.
Weber, A.F. (1899): *The Growth of Cities in the Nineteenth Century- A study*

in statistics, The Mac Millan Company New York.
Wingo, Lowdon Jr. (1961): "Transportation and Urban Landuse", *Washington D.C.,* Resources for the Future Inc.
Yadav, C.S. (ed) (1986): *New Diretions in Urban Geography*: *Perspectives in Urban Geography series*, Volume I., Concept Publishing Company, New Delhi.
Zipf,G.K.: *National Unity and Disunity*, Bloomington, Ind. Principia Press, 1941.

MIX
Papier aus verantwortungsvollen Quellen
Paper from responsible sources
FSC® C105338

Printed by Books on Demand GmbH, Norderstedt / Germany